水果常用砧木与主要栽培技术模式

◎ 全国农业技术推广服务中心　组编

中国农业科学技术出版社

图书在版编目（CIP）数据

水果常用砧木与主要栽培技术模式 / 李莉，王娟娟，白岩主编 .
—北京：中国农业科学技术出版社，2016.12
ISBN 978-7-5116-2879-4

Ⅰ.①水… Ⅱ.①李… ②王… ③白… Ⅲ.①果树园艺 Ⅳ.①S66

中国版本图书馆 CIP 数据核字（2016）第 307866 号

责任编辑 于建慧
责任校对 马广洋

出 版 者 中国农业科学技术出版社
北京市海淀区中关村南大街 12 号 邮编：100081
电　　话（010）82109194（编辑室）（010）82109702（发行部）
（010）82109702（读者服务部）
传　　真（010）82106629
网　　址 http：//www.castp.cn
经 销 者 各地新华书店
印 刷 者 北京富泰印刷有限责任公司
开　　本 710mm × 1 000mm 1 /16
印　　张 6.75
字　　数 83 千字
版　　次 2016 年 12 月第 1 版 2016 年 12 月第 1 次印刷
定　　价 20. 00 元

《水果常用砧木与主要栽培技术模式》

编写人员

主　　编　李　莉　王娟娟　白　岩

副 主 编　尚怀国　陈　雪

编写人员　（按姓氏笔画顺序排列）

刘敏彦　祁　欣　许世杰　杜乃凡

李永平　余江平　陆平波　陆爱华

郑平生　党寿光　高文胜　尉亚妮

谢文龙　颜世伟

序言

我国是世界第一果品生产和消费大国，面积和产量均居世界第一位，在世界果树生产中占有举足轻重的地位。果树产业已成为我国许多地区农村经济的支柱产业之一，在推进农村社会发展、精准扶贫及农业结构调整、增加农民收入和促进出口创汇等方面发挥着重要作用。我国虽然是果品生产大国，但还不是果业强国，产业发展基础仍然比较薄弱，现有栽培技术体系与产业发展不相适应。乔砧密植、果园郁闭、营养失衡是造成目前单产低、品质差的主要因素之一。栽培管理标准化程度低，机械化水平低，生产成本上升较快，研发推广适宜我国国情的栽培技术体系，是当务之急。

近几年，围绕“主要果树砧木收集、评价与筛选”项目，以我国优质果树砧木种质资源为依托，以选育适合我国自然条件的矮化、抗逆砧木新品种为目标，将常规育种手段与现代生物技术相结合，采用砧木比较试验、砧穗组合研究、良种繁育体系和技术集成示范等方式，建立了标准化生产、栽培和示范推广的技术体系，集成了一系列生产技术模式，促进了果树产业的可持续发展。特别是砧木研究和利用取得很大进展，为我国果树矮化密植栽培奠定了技术基础。

果树砧木对果树生长发育极其重要，不仅直接决定着根系的生长发育，也对其上的品种生长和结果产生重要影响。砧木的选择与利用，是果树育种和栽培技术研究共同关注的问题。根据不同果园的离地条件、选择适宜的砧木和砧穗组合，决定着果树的在方式，也是影响产量、质量的关键因素。随着我国城镇化进程加快，农村劳动力转移，适应我国果树生产的省力化栽培树形、花果管理、土肥水管理、果园机械等一系列栽培措施得以推广，生产成本明显降低。我国幅员辽阔，果树种植区域分布广，生态类型与生产条件不一致，为了总结推广各地的生产技术模式，在国家公益性行业科研项目“主要果树砧木收集、评价与筛选”（201203075-09）资助下，将部分省份的研究成果汇编成书，在编写过程中，得到有关单位和个人的大力支持，在此表示衷心的感谢。

由于作者水平有限，书中难免错误及不妥之处，恳请同行和广大读者批评指正。

目录

第一篇　果树常用砧木 …… 1

一、苹果砧木 …… 2
（一）八棱海棠 …… 2
（二）山定子 …… 2
（三）SH 系 …… 3
（四）GM256 …… 3
（五）M26 …… 4
（六）M9（包括 M9 T337 等） …… 5
（七）SH1 …… 5
（八）Y-1 …… 6
（九）马克（Mark） …… 7
（十）M2（东茂林 2 号） …… 7
（十一）M4（东茂林 4 号） …… 8
（十二）M7（东茂林 7 号） …… 8
（十三）M9（东茂林 9 号） …… 9
（十四）M26（东茂林 26 号） …… 9
（十五）MM106（茂林—梅顿 106 号） …… 10
（十六）平邑甜茶 …… 10
（十七）丽江山定子 …… 11
（十八）小金海棠 …… 11
（十九）湖北海棠 …… 11
（二十）M9-T337 …… 12
（二十一）丽江海棠（西府海棠） …… 12
（二十二）昭通圆叶海棠（云南楸子） …… 13
（二十三）新疆野苹果 …… 13
（二十四）楸子 …… 14

二、柑橘砧木……15
（一）枳 ……15
（二）香橙 ……15
（三）枳壳 ……15
（四）土柚 ……16
（五）枳橙 ……16
（六）蟹橙 ……17
（七）代代 ……17
（八）细皮香圆 ……18
（九）扁香圆 ……18
（十）粗皮香圆 ……19
（十一）癞皮香圆 ……19
（十二）资阳香橙 ……19
（十三）红橘 ……20

三、葡萄砧木……21
（一）贝达 ……21
（二）SO4 ……22
（三）5BB ……22
（四）华佳 8 号 ……23
（五）抗砧 3 号 ……24
（六）抗砧 5 号 ……24
（七）山葡萄 ……24
（八）520A……25
（九）山河二号 ……25

四、梨砧木……26
（一）杜梨 ……26
（二）山梨 ……26
（三）豆梨 ……27
（四）酸梨 ……28
（五）棠梨 ……28
（六）沙梨 ……29
（七）滇梨 ……29

五、桃砧木……30
（一）毛桃……30
（二）山桃……30
（三）毛樱桃……31
（四）山杏……31
（五）光核桃……31

六、樱桃砧木……33
（一）考特……33
（二）吉塞拉系列……34
（三）马哈利……35
（四）本溪山樱……36
（五）吉塞拉6号……36
（六）ZY-1……37
（七）大青叶……37
（八）野樱桃……38
（九）苦樱桃（也叫毛樱桃）……38

七、荔枝砧木……40
（一）兰竹……40
（二）乌叶……40
（三）褐毛荔枝……41

第二篇　果树主要栽培技术模式……43

一、苹果……44
（一）苹果矮砧密植集约栽培技术模式……44
（二）苹果乔砧密植栽培技术模式……46
（三）苹果乔化栽培技术模式……46
（四）缓坡地建园生草免耕肥水一体化栽培技术模式……47
（五）苹果宽行密植栽培技术模式……48
（六）苹果园“果+草”栽培技术模式……49

（七）苹果矮砧支架密植技术模式 ······51
（八）苹果园旱作节水集约化栽培技术模式 ······51

二、柑橘······53
（一）柑橘矮化密植集约栽培技术模式 ······53
（二）柑橘常规栽培技术模式 ······53
（三）柑橘园计划密植栽培技术模式 ······53
（四）柑橘密植郁闭果园改造技术模式 ······54
（五）江苏柑橘抗寒栽培技术模式 ······55
（六）柑橘隔年交替结果技术模式 ······57
（七）柑橘园聚土起垄栽培技术模式 ······58

三、葡萄······60
（一）葡萄露地篱架栽培技术模式——以巨峰为例 ······60
（二）葡萄露地小棚架栽培技术模式——以红地球为例 ······61
（三）设施葡萄促早栽培技术模式 ······61
（四）天津采用盐碱地密植高产栽培技术模式 ······63
（五）葡萄设施保护栽培技术模式 ······64
（六）葡萄避雨栽培技术模式 ······65
（七）葡萄“Y”型架标准化生产技术模式 ······66
（八）新型葡萄防寒简化技术模式 ······66
（九）葡萄“高宽垂”栽培技术模式 ······67
（十）单干双臂“V”型栽培技术模式 ······68
（十一）葡萄平棚架栽培技术模式 ······69
（十二）葡萄高效避雨栽培技术模式 ······70
（十三）葡萄直立龙干型栽培技术模式 ······72
（十四）葡萄“V”字架型栽培技术模式 ······72

四、梨······74
（一）梨矮化密植集约栽培技术模式 ······74
（二）梨传统乔化稀植栽培技术模式 ······75
（三）梨密植省力化栽培技术模式 ······75
（四）乔冠梨树转形改良及轻简化栽培技术模式 ······76
（五）梨树乔化砧木栽培技术模式 ······78

（六）梨架式栽培技术模式 ……………………………………………80
（七）梨树密植栽培技术模式——以山东省为例 …………………………81
（八）砂梨高效栽培技术模式——以湖北省为例 …………………………82
（九）梨树开心形宽行稀植技术模式 ……………………………………83
（十）梨高密度宽行窄距栽培模式——以云南省为例 ……………………84

五、桃…………………………………………………………………………85
（一）桃矮化密植集约栽培技术模式 ……………………………………85
（二）桃多主枝（3个以上）开心形栽培技术模式 ………………………86
（三）桃树高干“Y”型两主枝整枝栽培技术模式 ………………………86
（四）桃主干形栽培技术模式 ……………………………………………86
（五）桃设施栽培技术模式——以辽宁省为例 ……………………………87
（六）桃树高“Y”字型宽行密植栽培技术模式 …………………………87
（七）桃树“主干型”密植栽培模式 ………………………………………88
（八）桃中等密度“Y”字型栽培技术模式…………………………………89
（九）桃树高效栽培技术模式 ……………………………………………90
（十）桃聚土起垄建园技术模式 …………………………………………91
（十一）生态观光桃园栽培技术模式——以四川省为例 …………………92

六、樱桃………………………………………………………………………93
（一）樱桃矮化密植栽培技术模式 ………………………………………93
（二）樱桃露地栽培技术模式 ……………………………………………94
（三）樱桃设施栽培技术模式 ……………………………………………94
（四）樱桃乔砧宽行密植栽培模式 ………………………………………95

七、荔枝………………………………………………………………………97
（一）荔枝常规栽培技术模式 ……………………………………………97
（二）荔枝矮化密植栽培技术模式 ………………………………………97

第一篇 果树常用砧木

一、苹果砧木

（一）八棱海棠

特征特性 以八棱海棠为砧木的苹果树，根系发达，生长势强，乔化，适于矮化栽培，耐寒，耐旱，耐瘠薄，抗病，抗盐碱。

生产表现 八棱海棠种子具有发芽率高、幼苗根系发达、须根较多、苗体强健、抗寒、抗旱、抗涝、抗盐碱、抗病虫、耐水湿、均适宜各种土质、嫁接亲合力强、生长迅速、幼苗嫁接成活率高、移植苗木成活率高等优点。八棱海棠种子发育的根系能在含盐量为0.5%的土壤中正常生长。对苹果绵蚜和根癌肿病有相当的抵抗能力。

栽培要点 选择2年生根系发达、嫁接口愈合良好苗木建园；春季或秋季栽植，秋季栽植越冬前需埋土保护，株行距4米 ×5米，亩（1亩≈667平方米。全书同）栽34株；树形选用分散疏层形或小冠疏层形，冬、夏剪结合；及时疏花疏果，盛果期亩产控制在4 000千克以内；全年灌水3~4次，秋施有机肥，春、夏季补充复合肥；全年防治腐烂病、早期落叶病、黄蚜、食心虫等病虫害。

适宜区域 适应性广，无论平地、山坡、丘陵、砂荒都能栽植以八棱海棠种子为根系的相应果类。河南、河北、山东、津、京地区都适宜以八棱海棠为砧木栽培苹果，特别适合盐碱地区。

（二）山定子

特征特性 落叶小乔木，高4~5米；树冠广圆锥形，新梢红褐色；叶椭圆形或卵形，先端渐尖，边缘有细锐锯齿；伞形总状花序，有花4~6朵，花瓣倒卵形，白色；果实近球形，直径8~10毫米，红色、黄色或黑色，脱萼。山西中部地区4月上旬萌芽，4月中下旬开花，5月新梢生长迅速，9月下旬新梢停止生长，9月下旬或10月初果实成熟，10月中旬落叶休眠。

生产表现 为山西省常用乔化砧木，根系深，抗旱，抗寒，耐瘠薄，原产山西省境内的山定子较东北山定子抗盐碱，与苹果品种嫁接后表现“小脚”现象，果实较八棱海棠砧木提早上色1周左右。

栽培要点 选择2年生根系发达、嫁接口愈合良好苗木建园；春季或秋季栽植，秋季栽植越冬前需埋土保护，株行距4米 ×5米，亩栽34株；树形选用分散疏层形或小冠疏层形，冬、夏剪结合；及时疏花疏果，盛果期亩产控制在4 000千克以内；全年灌水3~4次，秋施有机肥，春、夏季补充复合肥；全年防治腐烂病、早期落叶病、黄蚜、食心虫等病虫害。

适宜区域 适宜山西省土壤pH值<8的苹果产区栽植，尤其适宜山地、丘陵地区。

（三）SH系

特征特性 SH系应用于生产主要是SH38和SH40，两者矮化能力与M26相当，属于矮化砧木。叶片掌状，有缺刻。10年生自根苗树高4米左右，1年生枝红褐色，有蜡层，节间平均长度27厘米。主干黄褐色，纵向裂纹；新梢生长势旺，呈浅红褐色，上被茸毛，节间长度2.6厘米，叶片圆形，绿色，叶面皱缩，叶基偏斜形，叶片外缘为钝齿状，花量较大，呈白色，花萼花瓣各5片。

生产表现 适宜作中间砧，选用八棱海棠为基砧。与红富士、王林、新红星、国光等主栽苹果品种嫁接亲和力强，且花芽形成容易，结果早，抗寒、抗抽条能力强。一般栽植后第2~3年即可开花，5年生后进入盛果期，亩产量2 500千克以上。以SH38/40为中间砧的红富士苹果树所结果实着色好、硬度高，耐贮藏，可溶性固形物16%左右，糖酸比高，口感浓郁。与乔砧红富士苹果树相比需肥水量大，不耐盐碱。

栽培要点 SH38/40矮化中间砧苹果栽植株行距（1.5~2）米 ×（3~4）米，采用细长纺锤形整形或高纺锤形。整形前期应保证中心干生长优势，侧生主枝角度保持80° ~110°。因成花容易，应合理疏花、避免大小年现象发生。较乔砧苹果树喜肥水，应加强肥水管理，以保证健壮树势。

适宜区域 山东大部、河北、山西、北京、陕西、甘肃、辽宁南部等。

（四）GM256

特征特性 一年生枝条红褐色，较粗壮，芽基凸出；叶片卵圆形，颜色鲜绿，茸毛较少。扦插不易生根，作为中间砧与山丁子嫁接，砧段有加粗现象。

生产表现 抗寒性好，抗寒力测定的结果是可耐 –42℃低温；一年生枝条无抽条现象；结果早，可以提早结果1~2年；易成花、连年丰产，树势稳健；能够改善果实品质，着色快，能提高果实含糖量1° ~2° 。

栽培要点 GM256 中间砧苗较为普遍采用山丁子为基砧，嫁接寒富苹果的矮化模式。建园时要选择平肥地块，如果是山岭坡地要修梯田大穴栽植，中间砧段入土 5 厘米左右；株行距（2~3）米 ×4 米，每亩栽 56~83 棵较适宜；树形宜采用纺锤形，栽后第二年去除全部侧生分枝，待重新长出侧生分枝后拉平或稍下垂，控制竞争枝；要增施肥水，调控产量，防止早衰。

适宜区域 黑龙江、吉林、内蒙古自治区、辽宁北部、河北坝上地区等。

（五）M26

特征特性 M26 是由英国东茂林试验站用 M13×M9 育成。砧苗生长粗壮，1 年生枝紫褐色，叶片质地厚。压条易生根，根系比较发达，嫁接树早果丰产性较强，是目前我国应用最多的矮化砧，多用作中间砧。主干黄褐色，纵向裂纹；新梢生长势弱，呈浅红褐色，上被茸毛，节间长度 2.4 厘米，皮孔椭圆形，叶片圆形，暗绿色，背部有白色茸毛，叶面皱缩，叶基钝圆形，叶片外缘为锯齿状，花量较小，呈淡粉红色，花萼、花瓣各 5 片，含雌蕊 5 个、雄蕊 19 个，果实扁圆形，果梗短粗，梗洼浅窄，萼片宿存，萼洼浅广，均果重 51.66 克。

生产表现 M26 是国内矮化栽培的主要砧木，矮化程度介于 M9 和 M7 之间。植株强旺，木质化的新梢为青褐色，枝条粗壮，节部稍膨大，节间较长，生根良好，固地性较强，抗寒力较强。固地性、抗逆性强于 M9。以 M26 为中间砧嫁接富士，幼树生长势强，早实性好，3 年生树坐果株率 80%，4 年生树坐果株率 100%，折合亩产 787.85 千克，盛果期折合亩产 4 069 千克。大树树体稳定性好，在山东省大部分地区，均表现出良好的抗寒（可耐 -17.8℃的土温）、抗风折，较耐瘠薄，早实性好，丰产性强，果实品质好，经济寿命长，抗白粉病，抗软枝病和花叶病病毒，但不抗棉蚜，易染茎腐病和火疫病，抗旱性较差，不耐潮湿黏重土壤。砧穗易出现“大脚”现象。

栽培要点 M26 中间砧苹果栽植株行距为（2~2.5）米 ×4 米，亩栽植 66~83 株，南北成行，架式栽培。授粉品种与主栽品种 1 :（5~6）比例配置。推荐用海棠类专用授粉树。采用自由纺锤形。干高 0.6~0.8 米，树高 3.5~4.0 米，中干上着生 20~35 个侧枝，其中下部 4~5 个为永久性侧枝。侧枝基部粗度小于着生部位中干的 1/3，长度 100~120 厘米，角度 90° ~110°。侧枝上着生结果枝组，结果枝组的角度大于侧枝的角度。

适宜区域 陕西、山西、山东、河北中南部。

（六）M9（包括 M9 T337 等）

特征特性 英国东茂林（East Malling）试验站从 1912 年开始收集英国和欧洲所有的苹果砧木及亚洲野生苹果砧木资源，根据形态和解剖学特征，以丰产性及控制树体大小为目标对 71 个砧木材料进行筛选和分类，于 1917 年公布了 M 系 1–9 号。主干灰白色，纵向裂纹；新梢生长势旺，呈黄褐色，上被茸毛，节间长度 3.1 厘米，皮孔圆形，叶片卵形，浅绿色，背部有白色茸毛，叶面皱缩，叶基偏斜形，叶片外缘为锯齿状，果实偏圆形，果梗短粗，梗洼浅广，萼片宿存，萼洼浅广，均果重 79.54 克。

生产表现 以 M9 为中间砧嫁接红富士早果性好，多数嫁接品种 1~2 年即可开花，果实风味佳，3 年生坐果株率 68%，4 年生坐果株率 100%。其木质脆而易折，根系小且分布树体矮化，固地性差，耐涝性较强，耐旱性差，不耐瘠薄，有"大脚"现象。

栽培要点 M9 自根砧苹果栽植株行距为（1~1.5）米 ×4 米，亩栽植 111~167 株，南北成行，开沟栽植，接口距地面 10 厘米。架式栽培。土壤有机质含量应为 2%~3%，行间生草。最好安装滴灌设备。选择高纺锤树形，主枝 25 个左右，开张角度 110° 左右。修剪以疏为主，疏缓结合。

适宜区域 山东胶东地区、陕西渭水地区、山西晋南地区、江苏丰县一带。

（七）SH1

特征特性 由国光 × 河南海棠杂交选育而成。树姿直立，树势中庸，树干灰褐色，光滑，1 年生枝条黄褐色；叶片卵圆形，掌状，成熟叶片浓绿色，叶基圆形，叶尖渐尖，叶缘尖锐锯齿，不规则；花蕾白色，花瓣离生，呈卵圆形；果实近圆形，平均纵径 2 厘米左右，平均单果重 13 克左右；果实成熟时果皮底色黄白，果皮表面为红色，萼片宿存，聚合，浅广。山西省中部地区 4 月上旬至中旬萌芽，4 月下旬至 5 月初开花，9 月下旬果实成熟，10 月下旬落叶休眠。

生产表现 控冠能力与 M26 相似，与基砧八棱海棠，红富士、红星等品种亲和良好，成活率 95% 以上，3 年生红富士开花结果株率达 90%，5~6 年进入盛果期，抗旱，抗寒，抗抽条，树体生长无偏冠现象，固地性、抗倒伏能力均强于 M26，果实品质优异，耐贮藏。

栽培要点 建园时尽量要求土层深厚、土壤肥沃、有灌溉条件，交通便利；基砧采用八棱海棠，苗木选择3年生、根系发达、嫁接口愈合良好的优质中间砧大苗；一般春季开沟栽植，株行距（1.5~2）米 ×4米，亩栽84~111株；树形若选用高纺锤形应采用立架栽培，改良纺锤形或自由纺锤形可不设支架，2年生苗木，定干高度为1~1.2米，春季抹除第二芽，秋季进行拉枝；3年生大苗，不用定干，仅去除直径超过主干干径1/2的大侧枝。采用冬、夏剪结合的周年修剪方法。冬季修剪以整形、调整结构为主，夏季修剪主要包括刻芽、环剥（割）、扭梢、摘心及拉枝等措施；及时进行疏花疏果，一般间隔20厘米左右选留一个健壮中心花花序，以留下垂果为主；肥水管理、病虫害防治同乔砧果园。

适宜区域 山西省大部分平川及中南部丘陵苹果产区栽植。

（八）Y-1

特征特性 由晋西北野生山定子资源实生选育而成。树姿直立，树势中庸，主干灰褐色，1年生枝条红褐色；幼叶橙红色，叶片长椭圆形，叶面平展，叶色淡绿，边缘具锐锯齿，叶尖长尾尖；花蕾粉红色，花白色，每花序有5~6朵花；果实近圆形，直径0.8~1厘米，红色，脱萼，萼洼有圆形锈斑。在山西省中部地区，3月中下旬萌动，4月初展叶，4月中旬开花，果实9月末成熟，10月下旬落叶，年营养生长期210天左右。

生产表现 控冠能力优于SH1，作中间砧嫁接长富2号定植当年即可开花，开花株率65%，第3年亩产750千克，高于M26、SH1中间砧，抗旱，抗寒，抗腐烂病，与基砧山定子、八棱海棠，品种红富士、丹霞、嘎啦嫁接亲和性好，略有“小脚”现象，果实成熟期较对照提前7~10天，品质优，耐贮藏。

栽培要点 基砧采用八棱海棠，以中间砧嫁接品种在生产上应用，中间砧长度20~25厘米；该砧木适宜密植，按株行距（1~1.5）米 ×（3.5~4）米，每亩以栽110~190株为宜；根据不同树形、栽植密度可采用立架或无支架栽培；由于该砧木具有较强的早花早果习性，要求定植后1~2年内疏除所有花果，以树体营养生长为主，第3年逐步开始正常花果管理；2年生苗木，定干高度为1~1.2米，3年生大苗，不用定干，仅去除直径超过主干干径1/2的大侧枝，中央干头不短截，栽植时尽可能少修剪；年灌溉次数应较普通乔砧果园多2~3次，掌握“前灌后控”的原则；亩结果负载量控制在4 000千克以内；其他果园生草、病虫害防治等管理参照乔砧果园。

适宜区域　山西省大同以南苹果产区栽植。

（九）马克（Mark）

特征特性　马克（Mark）砧苗易生根，发芽早，生长快，质量高；基砧和品种的嫁接亲和力好、成活率高，果苗出圃率高；矮化性能好，树体大小适中，干性强，易于整形修剪成丰产优质的纺锤形，适于密植，幼树期枝量多，叶丛枝、短枝比率高；抗寒性强，通过电导法测定，以不同温度下的电解质渗出率表示抗寒性的大小看出，马克（Mark）矮化砧及其嫁接树的抗寒性远优于 M26。

生产表现　该矮化砧嫁接树，适于密植栽培，易于培养丰产优质的细纺锤树形和主干形，结果早，丰产；与品种亲和性好，产量高，抗寒性强，是取代 M26 的理想矮化砧木；能显著改善品种的果实品质，果实着色快、色泽更艳、全红果率高，果实含糖量高，口感好。

栽培要点

（1）建立矮化母本繁育圃，在畦内，按行距 2~2.5 米、株距 1~1.5 米穴植，栽植深度要低于畦面 3~4 厘米，每穴栽 3~4 株，整平畦面。

（2）水平压条。春季将矮砧母株上的一年生枝不充实部分剪掉，水平弯倒，固定预先挖好的浅沟，待萌芽后定芽，新梢 30 厘米时第一次压土，高度 10 厘米，一个月后再培一次，培土总厚度 30 厘米，落叶后扒开土堆将基部生根的小苗剪下沙藏即可。

（3）嫁接和培植。早春于室内，采取舌接、劈接等方法进行嫁接，矮化砧段根据矮化需求，保持 25~30 厘米。嫁接后栽植在苗圃地，株行距 0.2 米 × 0.6 米为宜。

适宜区域　丹东。

（十）M2（东茂林 2 号）

原名道生苹果，又名英国乐园，是个古老类型，英国东茂林试验站选育为半乔化砧。1965 年由郑州果树所引入，保存于徐州市果园。

枝条硬而直立，较粗壮，节间短，新梢褐色，密被灰色短茸毛，皮孔大而密。叶片较大，长卵圆形，平展，浓绿色，叶脉常突起，叶缘锯齿中等大而钝，叶背有茸毛。果扁圆形，绿黄色，单果重 68~95 克。

苗期生长旺，枝条粗壮，萌芽率高，成枝力强，压条繁殖成活率中等，生根较晚且根量少，但分株栽植成活良好。与主栽品种如金冠、红星、国光等嫁接亲和，但有“小脚”现象。耐瘠薄土壤，在沙地表现不如山地。较耐旱，嫁接树表现提早结果。徐州市果园以 M2 嫁接国光。五年生树结果株率达 75%。

M2 嫁接苹果，树体比 M7 稍大，根系入土深、牢固、耐旱，适宜在瘠薄土壤上嫁接结果迟的品种。

（十一）M4（东茂林 4 号）

原名霍尔斯金道生（Holstein Doucin），又名荷兰道生、黄色道生。英国东茂林试验站选育。1965 年由郑州果树所引入，保存于徐州市果园。

枝条直立、中粗、节间中短，嫩梢密生灰色茸毛；成熟新梢绿褐色，常有灰白色条纹，皮孔大，圆形，少而稀。叶片中大，卵圆形或广卵圆形，叶缘略内褶，具复式锯齿，齿大而钝，叶背茸毛多。果扁圆形，果皮黄色或淡绿色，单果重 35 克。

苗期生长势中等，萌芽率高，成枝力强。压条繁殖易生根，根多而较粗，繁殖力较强。与一般品种嫁接亲和，但因其停止生长早，芽接时间应比其他型号适当提前。

耐旱力较弱，喜比较潮湿的土壤。自根砧嫁接苹果树根系浅，不抗风，有歪斜、倒伏现象。较耐瘠薄，在地下水位较高的地方也能适应。M4 嫁接迟结果品种红星，四五年生树开花株率并不高，但六七年生时旋即转入盛果期。

M4 是半乔化砧，嫁接树树体比 M7 大，可在瘠薄地作中间砧，表现结果较早，较丰产。徐州市果园十二年生祝光 M4 自根砧树平均树高 3.5 米，冠径 4.2 米；十二年生金冠平均每公顷产 58.5 吨。

（十二）M7（东茂林 7 号）

英国东茂林果树试验站育成。1965 年由郑州果树所引入，徐州市果园、丰县大沙河果园等作为中间砧应用于生产。

植株生长中庸，枝条细长而软，很少抽生副梢，节间较长。成熟新梢褐色，茸毛少，皮孔小，圆形，明显，较稀；多年生枝基部偶有气根，但比 M4 少。叶片较小而薄，卵圆形，微有光泽，浓绿色，锯齿锐，叶缘偶有深裂；叶背茸毛较少；叶柄细，基部淡红色。果扁圆形，皮色淡黄，单果重 46~60 克。

苗期生长较旺，枝条如鞭状，萌芽率低，成枝力较弱，压条繁殖生根容易，根系发达，繁殖系数高，嫁接亲和力强。

耐旱力较强，适应性广，耐瘠薄。适于嫁接生长势强旺的品种，无论作自根砧或中间砧均表现结果早、产量高，并有良好的矮化效应。徐州市果园用M2、M4、M7、M9、MM106嫁接金冠、富士，三年生开花株率均以M7最高，五年生富士每公顷产23.25吨。

M7为半矮化砧，在黄河故道地区表现结果早、产量高、适应性强，对主栽品种均有提早结果和提高品质的效应；根系深，无倒伏、歪斜现象，可列为主要矮化砧木型号发展。注意引进无病毒的营养系应用于生产。

（十三）M9（东茂林9号）

原名黄色梅兹乐园，1879年法国从乐园苹果的自然实生苗中选出。1972年由郑州果树所引入，保存于徐州市果园。徐州、丰县、宿迁等地果园应用于生产。

植株生长旺盛，枝条粗壮，绿褐色，有短茸毛，节间短，木质较脆。成熟新梢黄褐色，皮孔小而稀，白色。叶片长卵圆形，较大而厚，浓绿色，有皱褶，叶脉下陷，有光泽，叶缘波状，具粗钝锯齿；叶背茸毛较多；叶柄粗短。果实扁圆形，皮色黄绿，单果重34~100克。

苗期生长粗壮，枝短，萌芽率低，成枝力弱，当年新梢受刺激易萌发副梢。根皮层厚，压条生根困难，繁殖率低，与一般品种嫁接亲和（个别品种表现不亲和），接后“大脚”现象明显，固地性差。不甚耐旱，不耐涝，易遭田鼠啃食树皮。对肥水条件要求苛。提早结果和矮化效应显著，适宜嫁接生长强旺的品种。徐州市果园十年生M9中间砧富士，树高1.8米，冠径3米；十年生M9中间砧金冠累计产量达到每公顷361.5吨。M9为矮化砧，性喜土层深厚的沙质壤土，适宜密植，嫁接生长强旺品种，表现早结果、早丰产，果实品质有所增进；分布较浅，固地性差，有倾斜、歪倒现象，需要良好的栽培技术和肥水条件。为江苏省重要的矮化砧木。

（十四）M26（东茂林26号）

东茂林试验站1929年由M9 × M16杂交育成，1959年推广。1974年由郑州果树所引入，保存于徐州市果园。徐州、丰县等地果园已开始应用于生产。

植株生长旺盛，枝条硬而直立，粗壮，节间短。嫩梢红褐色，具白色茸毛；老枝深褐色，皮孔圆形或椭圆形，上稀下密，较明显。叶片较厚，呈卵圆或长卵圆形，深绿色，有光泽，叶背密生白色茸毛。果扁圆形，皮色绿黄，单果重 90~100 克。

萌芽率高，成枝力强，壮枝当年能形成较多短枝，强壮新梢当年易萌发短副梢。根系较脆弱，有歪倒现象，与主要栽培品种嫁接亲和，用作中间砧，有砧段增粗现象。

耐旱性较差，嫁接在 M26 上的品种比 M7 砧早结果，较 M9 砧丰产，所结果实较整齐。

M26 嫁接树树体小于 M7 的嫁接树，为半矮化砧木中树体最矮小，固地性好于 M9，但仍有树体歪倒现象。树体大小不整齐，易罹患枝干轮纹病和颈腐病。需要良好的肥水条件。为山东省推广的主要矮化砧木。

（十五）MM106（茂林—梅顿 106 号）

特征特性 植株生长旺盛，新梢斜生，成熟新梢红褐色，多白色茸毛，皮孔不明显；叶片较大，卵圆形，平展有光泽，叶缘具复锯齿；叶柄长，托叶大。

生产表现 半矮化砧，压条、扦插生根良好，繁殖力较强，萌芽率高，成枝力强，不生根蘖；嫁接苹果亲和力较好。

栽培要点 固地性强，树势健旺，耐瘠薄，适应性强，可在土壤肥力较低的山地应用。与 M7 比较，结果期迟，早期产量较低。短枝型品种搭配树体变得更小。

适宜区域 在半干旱地区。

（十六）平邑甜茶

特征特性 平邑甜茶是湖北海棠中的一个优良的大叶类型，为天然三倍体，具有很强的无融合生殖能力，种子的形成不需要雄配子参与，而由珠心壁细胞形成的胚发育而成，实生后代遗传组成一致，能保持母本性状。平邑甜茶耐阴，抗涝性特强，抗旱性一般，对白粉病、白绢病、褐斑病及苹果绵蚜具有天然抗性；实生苗根系发达，颈部粗壮、平滑。

生产表现 嫁接苹果亲和力强，结合部位愈合良好，没有大小脚现象；嫁接树生长健壮，结果早，耐瘠薄，耐涝性强，抗逆性强，单株产量高，品质好。

适宜区域 野生在山东省蒙山及沂山的山涧溪边。适合皖北、豫南、鲁西

南、鲁西北等低洼易涝地区以及浙江等东南沿海一带潮湿黏重土壤栽培，在鲁南、苏北、沂河流域等河滩、沙滩地栽培表现良好。

（十七）丽江山定子

特征特性 乔木，高8~10米，枝多下垂；叶片椭圆形、卵状椭圆形或长圆卵形；近似伞形花序，萼筒钟形，萼片三角披针形，花瓣倒卵形，白色。果实卵形或近球形，红色。花期5—6月，果期9月。

生产表现 出苗率高，嫁接亲和力好，定植后未见有“大小脚”现象，能早果丰产。

栽培要点 丽江山定子作为苹果的乔化砧木，生产上一般栽培的株行距为（3~4）米 ×（4~5）米。

适宜区域 川西高原的凉山、甘孜、阿坝州等地。

（十八）小金海棠

特征特性 乔木，树高8~16米，5月中旬开花，10月上旬果实成熟。果实出种率低，每个果实平均饱满种子数约0.9粒，种子出苗率低，每0.5千克种子出苗1万~1.5万株 。幼苗平均株高8.5厘米，干粗（第一片真叶基部）0.2厘米，叶15片，节间长0.59厘米；主根长13.7厘米。小金海棠幼苗粗壮，节间短，根系特别发达。

生产表现 小金海棠嫁接亲和性好，嫁接苗生长健壮，叶片肥大，嫁接树的矮化程度、提早结果作用及丰产能力强。

栽培要点 以小金海棠为砧木高接金冠品种，接口愈合良好，树冠直径3.1米 ×3.5米，连年结果35千克左右，能作为苹果半矮化砧木利用。

适宜区域 川西高原的凉山、甘孜、阿坝州等地。

（十九）湖北海棠

特征特性 小乔木或乔木，高4~7米，一年生枝紫色至紫褐色；冬芽卵形，鳞片边缘具短柔毛。叶片卵圆形，长约6厘米，宽约3厘米，先端渐尖，基部宽楔形，边缘具细锯齿；托叶早落，披针形。伞房花序，具小花4~6朵；花直径3.5~4厘米；花瓣粉白色或近白色；雄蕊20个；花柱3个。果实近球形，直径约1厘米，成熟时红色，萼片早落；果梗长约3厘米；子房壁软骨质，3 室，每室有 1~2 粒种子；种皮褐色。花期 4 月，果期 9 月。

生产表现 湖北海棠在贵州表现较强的抗涝、抗旱和抗病性，长势旺，春季播种苗，秋季可进行芽接；与富士系、嘎啦系苹果品种亲和性好，嫁接后砧木与接穗生长一致。

栽培要点 建园时选择光照良好、排灌方便缓坡地的为好；对土壤要求不严，以土层深厚的微酸性壤土为宜。栽培采用“起垄 + 种植坑”的方式，株行距 3 米 ×（4~5）米；垄面宽 3.8~4.8 米，沟宽 0.4~0.5 米、深 0.3~0.4 米；种植坑直径 0.8 米、深 0.6~0.8 米；种植前每种植坑施 50~100 千克腐熟农家肥或有机肥。栽培时期以秋季苗木落叶后或春季地温回升到 15℃以上为好。

适宜区域 南方苹果产区均可选用湖北海棠作为苹果砧木。

（二十）M9−T337

特征特性 新梢粗壮，绿褐色，有短茸毛，节间短，木质较脆，木质化新梢黄褐色，带有银色晕；皮孔小而稀，白色，长椭圆形；芽中等大，不太饱满；叶片较大，叶面褶皱，叶脉下陷，长卵圆形；固地性差，不抗旱，不抗涝。

生产表现 整齐度高，与一般品种嫁接亲和力好；易成花，结果大小均匀，丰产性好，适宜发展高密度的高纺锤形树形。

栽培要点 昭通地区春季 2 月下旬至 3 月上旬栽植。栽植前 3~4 d，定植穴内灌足水，使活土沉实。苗木采用一级苗，栽植前在清水中浸泡 24 小时，然后立即栽植。栽植后及时浇水，覆土盖地膜保墒，在地膜上再覆一层土，以保护地膜。为了合理、充分利用土地资源，新建的苹果园采用密植栽培，株行距为（1~1.5）米 ×（3.5~4）米。根据嫁接品种的特性调整株行距。

适宜区域 年平均气温在 8.5~14℃，年极端低温 −22℃以上。无霜期应在 170 d 以上，年降雨量在 500 毫米以上，果园土层深度在 1 米以上，土壤 pH 值在 6.5~8.0，土壤有机质含量不低于 0.8%，地下水位在 1 米以下。

（二十一）丽江海棠（西府海棠）

特征特性 小乔木，直立性强，嫩枝长有短柔毛，枝条进入木质化后柔毛逐步脱落。叶片长椭圆形，先端渐尖，边缘有细锯齿，嫩叶背面有短柔毛，老时脱落。花序是伞形总状，有 4~7 朵花，花期 4—5 月，花色白中透红，十分艳丽。果子成熟时期为 8—9 月，果色鲜红，果子直径 1~1.5 厘米。果子可食用，鲜果略带涩味，可加工成干果、果脯、饮料、药材等。晾干后的西府海棠种子每千克约有5万粒。生产中主要以种子繁殖，也可压条繁殖。

生产表现 根深，根系发达，生长健壮，干性较强。抗旱，但不耐涝。对土壤适应性强，在黏土中主根多，须根少，在沙土中须根多，主根也多。作为苹果砧木嫁接苹果苗木，亲和力强，树高可达5m以上。

栽培要点 需在－2℃左右（不超过－5℃）低温层积48小时即可播种，播种前应对苗床进行培肥，亩施腐熟有机肥3 000千克，以土混匀，春季播种，每亩用种量约1千克，正常可出苗约4万株，出苗后主要应预防青枯病，可用1 000倍甲基托布津液喷施1次，待幼苗长到20厘米时即可移栽，移栽每亩栽培密度在1万株左右，株行距为0.2米 ×0.3米。

适宜区域 在云南苹果产区广泛分布。海拔2 000~2 500米的区域，最适宜栽培山定子。

（二十二）昭通圆叶海棠（云南楸子）

特征特性 籽粒不大，但饱满，浅红色，生产中主要以播种繁殖。

生产表现 幼苗生长健壮，干性较强，叶片椭圆形，肥大，根深而多，在黏土中主根多，须根少，在沙土中须根多，主根也多，抗旱性强，亲和力较好，与丽江海棠基本一致。

栽培要点 需在－2℃左右（不超过－5℃）低温层积48小时即可播种，播种前应对苗床进行培肥，亩施腐熟有机肥3 000千克，以土混匀，春季播种，每亩用种量约1千克，正常可出苗约4万株，出苗后主要应预防青枯病，可用1 000倍甲基托布津液喷施1次，待幼苗长到20厘米时即可移栽，移栽每亩栽培密度在1万株左右，株行距为0.2米 ×0.3米。

适宜区域 为昭通野生海棠，在昭通适宜范围广，海拔在1 800~2 300米的区域，pH值在5.4~6.8的微酸性土壤。

（二十三）新疆野苹果

特征特性 主根发达，嫁接树高大，健旺。

生产表现 耐旱、耐瘠薄、耐盐碱，抗寒。抗白粉病能力弱，幼苗期立枯病重，嫁接树进入结果期晚。

栽培要点 野苹果籽与苹果籽及其砧木一般不好辨认，购种子和种苗时应特别注意。

适宜区域 一般高寒地带做基砧。

（二十四）楸子

特征特性 侧根及须根都多，抗旱、抗寒，耐水涝 耐盐碱。

生产表现 抗腐烂、绵蚜、根头癌肿等病虫害能力强，嫁接亲和力强，树体小，结果早，是苹果的优良砧木。

栽培要点 幼苗期须根较少，加强肥水管理。

适宜区域 除一般高寒地区外均可作砧木。

二、柑橘砧木

（一）枳

特征特性 属芸香科金橘属落叶灌木，分枝多，稍扁平，有棱角，密生粗壮棘刺，3 小叶复叶，互生。叶柄长 1~3 厘米。花单生或成对腋生，常先叶开放，黄白色，有香气。萼片 5 片，花瓣 5 片。柑果球形，橙黄色，有香气。

生产表现 适宜做宽皮柑橘砧木，嫁接后嫁接部以下增粗形成“大脚”，稍有矮化作用，亲和性好，早结果，丰产、稳产，果实品质优良，抗脚腐病、根线虫病，但不抗裂皮病，不耐湿涝、不耐盐碱。

栽培要点 适宜矮密早丰栽培和无病毒栽培。

适宜区域 云南、江苏部分地区、湖北省温州蜜柑种植区域。

（二）香橙

特征特性 实生香橙树冠呈伞形，枝条细软而密生，较为直立，具短刺。树势中等，以头年秋梢和当年春梢为主要结果母枝，春夏秋三季开花，香橙抗病、抗碱、耐旱、耐寒性好，但易感炭疽病。

生产表现 生长势强，抗寒性较强，耐旱、喜微酸性土壤、适于山地、旱地栽植。香橙作为春香橘柚砧木，亲和性很强，丰产稳产。

栽培要点 参照普通金柑栽培，注意炭疽病防治。

适宜区域 江苏、福建三明柑橘产区。

（三）枳壳

特征特性 常绿小乔木或灌木，枝条有针刺，幼枝三棱形。叶为三小叶组成的掌状复叶，单叶互生，长卵椭圆形，叶柄有小翼形成箭叶。花白色，芳香，单生或数叶腋着生，花瓣 5 片。果实球形或略扁，熟时橙黄色，花期 3—4 月，果熟期 9—10 月。耐寒、耐旱、耐涝，须根发达。

生产表现 耐寒，茎皮厚、易嫁接、较耐湿、喜微酸性土壤。主根不发达，侧根发达，根系浅，具有矮化、早熟、结果早。作为柑橘砧木，表现为早果、丰产、矮化，亲和力强，成活率高，适应性强。若携带碎叶病、裂皮病病菌易表现。

栽培要点 可参照普通柑橘栽培，但更耐粗放。

适宜区域 贵州、福建。

（四）土柚

特征特性 属柑橘属（Citrus），乔木。嫩枝、叶背、花梗、花萼及子房均被柔毛，嫩叶通常暗紫红色，嫩枝扁且有棱。叶质颇厚，色浓绿，阔卵形或椭圆形，连翼叶长9~16厘米，宽4~8厘米，或更大，顶端钝或圆，有时短尖，基部圆，翼叶长2~4厘米，宽0.5~3厘米，总状花序，有时兼有腋生单花；花蕾淡紫红色，稀乳白色；花萼不规则3~5浅裂；花瓣长1.5~2厘米；雄蕊25~35枚，有时部分雄蕊不育；花柱粗长，柱头略较子房大。果圆球形 扁圆形，梨形或阔圆锥状，横径通常10厘米以上，淡黄或黄绿色；果皮甚厚，油胞大，凸起，果心实但松软，瓢囊10~15瓣，汁胞白色；种子多达200余粒，味酸带苦，不堪生食，果期9—12月。

生产表现 主根粗壮、须根发达、生长势强；亲和性好，嫁接后成活率高，嫁接后树势生长健壮；耐贫瘠性强。

栽培要点

1. 种子的采集。
2. 苗圃地的播种。
3. 砧木苗的管理。
4. 砧木苗的移植。
5. 移植后管理。

适宜区域 福建龙岩、漳州地区。

（五）枳橙

特征特性 枳与甜橙类杂交的属间杂文种，半落叶性小树，树势强，较直立，枝多刺。叶形与枳的相似，以三小叶组成的复叶为主，也有两小叶组成的复叶和单复叶。果实圆球形，果皮橙黄色，根系发达，半矮化，是多数柑橘品种早果丰产的良好砧木。

生产表现 以枳橙为砧木嫁接的柑橘苗木生长快，植株健壮，定植后的柑橘树主根粗，根系发达，开花期比枳晚、比橙类稍早，耐旱，较耐寒，抗衰退病、脚腐病和线虫病等。树体生长快，树势壮，结果早，丰产优质。

栽培要点 土壤以中性偏酸性为宜。

适宜区域 除石灰、盐碱性以外，海拔600米以内的湖北柑橘种植区域。

（六）蟹橙

别名大橙子、洞庭蟹橙，早在宋代即已栽培。宋林洪《山家清供》载："橙大者截顶去囊，留少液，以蟹膏纳其内，仍以带枝顶覆之，入甑用酒醋水蒸熟，加芳酒入盐供，既香而鲜。"蟹橙之名可能由此而得。

树势强，枝干粗壮，直立硬挺，针刺长。叶片纺缍状椭圆形。叶质柔软，色暗绿，叶柄长，叶翼不明显。雄蕊约20枚，彼此连合、不分离。

果实高扁圆形，鲜橙黄色，果大，单果重120~154克，果顶有金钱状环圈，蒂部平，四周有明显的放射沟，直连顶部，果皮松厚，表皮层和白皮层均较厚。囊瓣9~10片，浅黄色，中心柱宽。味甜酸，汁胞柔软，汁多，有特殊香味，果胶质多，可食用，可溶性固形物8%~12.2%。上海等地轻工部门大量利用果囊打浆作为糖果饮料的添加剂。种子13~22粒，种子小，大小不一。单胚多胚混合型，大胚白色，小胚浅绿色。果皮油胞大，富含香精油。据分析，果皮含油量高出柑和甜橙皮二三倍。可供轻工和医药应用。果皮加工"陈皮""红绿丝"等蜜饯。

蟹橙性较耐寒，耐旱，是良好砧木，嫁接早红、料红、黄皮、黄岩早橘、甜橙、温州蜜柑、金柑等具有耐寒、抗旱、丰产，果实增大等优点。福建龙溪果树研究所引作砧木试验，认为较耐黄龙病，丰产性良好。

蟹橙根据果实形状可分为高形和扁形两种。高形蟹橙，皮紧，囊瓣宜食用，甜多酸少。扁形蟹橙果皮粗松，凹点明显，味较酸。

（七）代代

树冠半圆形，树姿半开张，枝有刺。叶长椭圆形，全缘，先端钝，基部圆形，叶面浓绿光滑，叶背淡绿，质地厚，叶翼较长。

果实扁圆形，橙红色，果形较大，单果重160~180克，果顶平，柱端有浅沟10余条，基部凸出，萼片肥厚宿存，果梗粗。果面较粗糙，油胞粗大，凸起较明显，具芬芳味。果皮较厚，海绵层白色，韧而难剥离。囊瓣9~11片，中心柱较充实，果味酸。种子25粒左右，椭圆形，外种皮白色，内种皮灰黄白，合点紫灰色，多胚，子叶白色。

12月下旬成熟。

果实味酸，不宜生食，多作药用，果皮含香精油，多用于提取香精油。可作砧木，一般盆栽观赏。

（八）细皮香圆

植株高大，树冠圆头形，骨干枝开展；枝条密生，细长柔软，并具下披性，针刺少，幼枝下不被茸毛。叶片长椭圆形，宽大，先端渐尖，基部阔楔形；叶色深，叶面墨绿色，叶黄绿色，两面侧脉明显，叶质柔软，略有下披性；叶翼心脏形，宽1.1~2.9厘米。

果实鲜黄色，倒卵圆状短椭圆形，顶部圆钝，有乳头状突起，蒂部圆钝，果蒂浅凹，四周有短的放射沟数条；果面光滑，无绉襞，油胞平生或微凹，浓芳香；皮厚1.0厘米，黄皮层较厚，不易剥离，囊瓣10~12片，瓤衣厚而韧，桔络少，中心柱充实，汁胞细长，纺缍形。果汁淡黄色，味酸苦，香气浓。种子90余料，发育充实的种子仅2/3，种子大，卵形，光滑，外种皮灰黄色，内种皮褐色，合点鲜紫红色，多胚，子叶白色。

主产江苏苏州吴中区洞庭山。

（九）扁香圆

树冠不整齐，扁圆形，主干灰褐色，皮纹粗糙，骨干枝稀疏，开展；枝条短，少针刺，幼枝不被茸毛。叶片卵状椭圆形，狭长，先端渐尖，基部圆钝或广楔形；肥厚柔软，叶面深绿色，有光泽，侧脉内凹，叶背黄绿色，侧脉凸出；叶缘锯齿不明显；翼叶心脏形。

果实扁圆形，柠檬黄色，赤道部特别大，不甚规则，高7.4厘米，宽9.9厘米；顶部圆钝，有圆状乳头状突起，柱点小，稍凹入；有长短不等的放射沟5~8条，浅而宽；果面平滑细致，油胞稀疏，圆大而凹入，具香气，但不及香圆浓，皮厚1.06厘米，黄皮层厚1毫米，不易剥离；囊瓣13~14，排列整齐；囊衣厚而韧，桔络少；中心柱充实，汁胞肥大，短纺缍形，果汁浅黄色，味酸苦，香味浓，不适生食，种子80余粒，发育充实约2/3，扁卵圆形，略具棱纹，顶部圆钝，基部扁阔，不具弯嘴；外种皮乳白色，内种皮柠檬黄色，合点淡紫红色，多胚，子叶白色。

11月上旬成熟。

（十）粗皮香圆

树冠高耸直立，主干灰褐色，皮纹细；枝条密茂，粗短而硬挺，无茸毛，具针刺；叶卵状长椭圆形，基部圆钝，先端渐尖；叶质厚硬，叶面深绿色，无光泽，叶背面绿色，两面侧脉不明显；翼叶心脏形。

果实近圆球形，柠檬黄色，色较深，高 9.5 厘米，宽 10.0 厘米，顶部凹入，有不甚明显的浅环，柱点凹入，无乳头状突出，蒂部圆钝，凹入；果面具光泽，果皮粗糙，果皮厚 1.8 厘米，不易剥离，囊瓣 11~12 片，排列不整齐；中心柱充实，汁胞长纺缍形，汁灰黄色，味酸，有香气，不堪食用。种子 85 粒左右，发育充实的约占 1/3，长卵圆形，具网纹；外种皮淡黄色，内种皮褐色，合点紫褐色；多胚，子叶白色。

主产江苏吴中区洞庭山。

（十一）癞皮香圆

癞皮香圆的树形，与粗皮香圆的树形相似，不同的是骨干枝较开张，树冠呈尖圆头形，枝条粗短硬，具长针刺，幼枝无茸毛。叶片长椭圆形，先端渐尖，基部楔形，较粗皮香圆略小，基部较狭，叶质厚硬，有光泽，叶面浓绿色，侧脉不明显，叶背油绿色，侧脉明显，叶缘锯齿不明显；叶翼狭心脏形。

果实纺锤状短椭圆形，黄橙色，顶部圆钝，顶端凹入，无印圈，柱点深凹如小漏斗，基部较狭，凹如浅盂；果面黄橙色，极粗糙，绉襞如癞，无芳香，皮厚 1.5 厘米，不易剥离；囊瓣 10 片，排列整齐，瓤衣厚硬，桔络少；中心柱充实，果汁黄色，味极酸，具特殊香气。种子 80 余粒，发育充实的约占半数，卵圆形略扁，较粗皮香圆光滑，基部具棱角，先端扁而宽，并略向一面弯曲；外种皮淡黄色，内种皮褐色，合点紫色；多胚，子叶白色。

11 月上旬成熟。

（十二）资阳香橙

资阳香橙（*Citrus junos* Sieb. ex Tanaka），又名资阳软枝香橙，是宜昌橙与宽皮橘的天然杂种，是 20 世纪 80 年代在四川资阳发现的一种地方品种。资阳香橙作柑橘的砧木，抗碱、耐裂皮病、耐旱和耐寒性强，早结丰产性突出，是四川省及周边省市碱性土壤的柑橘首选砧木。除四川省外，重庆、云南、贵州、江西、湖南、福建已有引种试栽或大量引进种子和种苗作砧木。

特性特征　树势强键，实生未修剪的香橙树冠呈圆柱形，植株较高大。枝条细软而密生、披垂，春、夏、秋梢均具短刺。叶片阔披针形，短叶柄，翼叶倒卵形，叶尖渐尖，叶缘全圆，叶基部广楔形，平均叶身大小 6.54 厘米 ×2.66 厘米，翼叶大小 2.05 厘米 ×1.25 厘米。叶片深绿，较厚，主脉明显，侧脉模糊，略带柑橘清香味。花蕾初为紫绿，后为浅紫，开花后呈白色。

果实短椭圆形或扁圆形，平均单果重 66 克，最大单果重 120 克，平均纵径 5.0 厘米，横径 5.2 厘米，果形指数 0.96。果顶平，部分果实有不明显的印圈，基部圆。果皮橙黄色，海绵层白色，平均果皮厚度 0.38 厘米，较光滑，油胞凹、细而密，皮脆，易剥皮，有香气。果肉橙黄色，每果囊瓣 9~10 瓣，平均 9.8 瓣。果实可溶性固形物 8.1%，总酸 4.70%，维生素 C 含量 35.35 毫克 /100 毫升，果肉细嫩、化渣、多汁，味酸。

生产表现　生长势强，早果性好，实生苗 3~4 年可试花结果。丰产性强，成龄树一般株产 30~50 千克。单果种子 24~33 粒，平均 28.8 粒，种子较大，多胚、白色，小胚绿色，干种子千粒重 175.67 克、5 738 粒 / 千克，1 粒种子可萌发 1~6 株砧苗。

资阳香橙同甜橙、宽皮柑橘、柠檬、金柑等多数柑橘品种具有较广泛的亲和性，嫁接在资阳香橙砧木上的锦橙、先锋橙、脐橙、血橙、新会橙、温州蜜柑、椪柑、克里迈丁桔、桔橙（不知火、春见、津之香、天草）、柠檬及金柑砧穗结合部为 C+1~C+2 型，砧木圆形，表皮较光滑，各砧穗组合生长势较强，无树势早衰现象。

实生树根系发达，抗病、抗碱、耐旱、耐寒性好。

栽培要点　一般栽培的株行距为（2~3）米 ×（3~4）米。栽培技术同普通柑橘。

适宜区域　四川及全国柑橘产区。

（十三）红橘

特征特性　树势强健，树冠高大，梢直立；果实扁圆形，中等大，单果重 100~110 克，果皮薄，色泽鲜红，有光泽，皮易剥，富含桔络，种子 15 粒左右。

生产表现　根系发达，生长健壮，树干直立光滑，嫁接椪柑后寿命长，抗旱力强，较耐寒，适于山地栽培。作甜橙砧木表现树体高大，结果迟。

栽培要点　树形高大，干性强，宜采用塔型树形，加大拉枝整形力度，配方施肥，控氮增磷钾，无籽品种应使用保花保果剂。

适宜区域　适于土壤肥沃，灌溉条件好的地区。

三、葡萄砧木

（一）贝达

特征特性 贝达原产美国，亲本为河岸葡萄 × 康可。嫩梢绿色，有粉红附加色，具稀疏灰白色绒毛。成龄叶片较大，叶片较薄，全缘或3浅裂，叶面较光滑，叶背有稀疏的灰白色短绒毛，叶缘锯齿较锐，叶柄洼矢形。卷须间隔性。两性花。果穗较小，平均穗重142克，圆柱形或圆锥形，副穗小。果粒着生较紧密，平均粒重1.75克，近圆形，紫黑色，皮较薄，味酸，有草莓香味，可溶性固形物含量15.5%，含酸量2.6%，出汁率77.4%，生食品质不佳。

生产表现 植株生长势强。抗寒力强，根系能抗－12.5℃的低温，抗旱性中等，耐盐性中等，耐石灰性土壤中等。扦插易生根，与多数品种嫁接亲和力好。用作砧木时接穗品种生长旺盛，提早结果，促早效果显著。

栽培要点

① 插穗的采集和贮藏。在冬季修剪时，选择生长健壮、无病虫害、充分成熟、芽眼饱满的1年生枝作为插条。为了贮藏方便，采集时把插条剪成6~8节长，按50~100根捆成一捆作好标记。在上冻前，选择地势高燥、背阴、地下水位较低的地方窖藏。贮藏时先在窖底铺5~10厘米厚的湿沙，然后将捆好的插条平放，盖上一层湿沙，其上再放一层插条，如此反复层积，最上面再覆20厘米厚的湿沙。贮藏期间的适宜温度是0~2℃，湿度80%左右。

② 插条的剪截、处理。在春季扦插前20~30天，将贮藏的葡萄插条取出，选择芽眼完好、皮色新鲜的按15~20厘米长剪截，剪留2~3个芽眼，在插条上端距芽1厘米处横向平剪，在其下端距芽眼下0.5厘米处斜剪成马蹄形。

③ 插穗的催根处理。在塑料大棚内挖宽80~120厘米，深40~50厘米的床，床长可根据插穗多少而定，底部修平，铺湿锯末10~15厘米厚，将每捆插穗基部墩齐，倒放床内，用湿锯末将空隙填满，然后将上面覆盖湿锯末5~10厘米，再覆2厘米厚的马粪或黑色腐殖土、草木灰等吸热保温肥料，边缘用土封好，整平拍实，适量喷水。注意控制床温在22~28℃，如中午温度过高，要揭膜放风，每隔几天检查一次；如湿度不够，可适量浇水，整个催芽期需20~25天，扦插前要撤膜锻炼2天再进行扦插。

④ 扦插。扦插时期取决于当地气温与土温及插条催根的状况，地温达不

到要求时，过早扦插反而影响成活率，会造成芽眼萌发而迟迟不生根。在芽眼未萌动前提下，适当迟插，缩短扦插至生府间的期限，有利于提高成活率。经催根并且芽眼萌动的插穗，应在晚霜过后基本结束露地扦插。扦插时注意不要碰伤切口及皮部，先打孔再扦插，然后用土埋实插穗四周，地上部留1~2个芽。

⑤ 扦插后管理。插后水分供应要及时。一般插后灌透水一次，以后3~5天浇水一次，不宜过多。为不使地表板结，可在地表撒少许马粪，同时要及时松土除草，切记不要碰撞插穗，以防脆嫩根系受损。用这种倒置催根方法处理后的插穗，只要插穗生根期管理得当，成活率可达90%以上。

适宜区域 在我国东北、西北、华北地区作为抗寒葡萄的砧木使用。

（二）SO4

特征特性 美洲种群内种间杂种。原产德国，由德国Oppenheim国立葡萄酒和果树栽培教育研究院从Telekis的Berlandieri-riparia No.4中选育而成。SO4即SelectionOppenheim No.4的缩写。稍尖有绒毛，白色，边缘玫瑰红。幼叶有网纹，绿色或黄铜色。成龄叶片楔形，色暗，微黄，叶波纹状，叶缘上卷。叶片全缘或侧裂，锯齿凸形，近于平展。叶柄洼开张U形，叶柄与叶片结合处粉红色，叶柄和叶脉上有绒毛，深赭褐色。节不明显，芽小而尖，花为生理雄性。

生产表现 生长势旺盛，初期生长极迅速。与河岸葡萄相似，利于坐果和提早成熟。产条量大，易生根，利于繁殖，嫁接状况良好，但有明显“小脚”现象。

栽培要点 SO4抗根瘤蚜，高抗根癌病，抗根结线虫，抗旱性较强，耐湿性强，很耐酸，耐石灰性土壤（活性钙含量达17%~18%），耐缺铁失绿症，耐盐能力可达0.32%~0.53%，根系耐低温-9℃，抗真菌病还很强。SO4对磷具有良好的吸收能力，对镁吸收能力较差。接穗品种早结果，促进果实成熟。

适宜区域 在我国东北、西北、华北地区作为酿酒、鲜食葡萄的砧木使用。

（三）5BB

特征特性 原产法国。1904年Kober F.从冬葡萄与河岸葡萄的自由授粉实生苗中经多年选育而成为葡萄砧木品种。嫩梢梢冠弯曲成勾状，密被绒毛，边缘呈玫瑰红。幼叶古铜色，叶片被丝状绒毛；成龄叶大，楔形，叶浅 3 裂近全缘，主脉叶齿长，叶边缘上卷，叶柄洼拱形，脉桃红色，叶柄上有极少绒毛，紫色。叶背无毛，叶缘锯齿拱圆宽扁。雌性花。果穗小，果粒小，黑色，不可食。枝蔓，节部颜色略深，芽拱形，不显著。新梢有细棱纹，有紫红色稀绒毛。节间直，中等长。成熟枝条米黄色，节部色深，枝条棱角明显，芽小而尖。5BB 与 SO4 叶片形状、裂刻、锯齿、叶柄洼等均相似，无明显差异。其区别点为新梢颜色和花序多少，SO4 色浅，近绿色，5BB 色较深，紫红色；SO4 为雄性不育，花序多而大，5BB 为雌能花，花序少而小，浆果小，圆形，黑色。

生产表现 高抗根瘤蚜，抗根结线虫，耐涝性强，抗寒性强，耐旱性中等，耐盐碱能力中等。根系分布中深，细根多，自根生根性好，生长量大，产枝量高，硬枝嫁接及绿枝嫁接成活率高，与栽培品种嫁接亲和性好，有小脚现象，使嫁接品种生长势强，产量较高。5BB 与个别品种如某些品丽珠品系嫁接有不亲合现象。

栽培要点 易扦插繁殖，嫁接亲合性良好。其嫁接苗生产旺盛，抗旱、抗湿，结果早，产量较高，嫁接品种成熟期略有提早现象。

适宜区域 在我国东北、西北、华北、南方地区作为酿酒、鲜食葡萄的砧木使用。

（四）华佳 8 号

特征特性 华佳 8 号是上海农业科学院园艺研究所用原产我国的野生华东葡萄与佳利酿杂交培育而成的一个专用砧木品种，1999 年通过品种审定，是我国自主培育的第 1 个葡萄砧木品种。华佳 8 号枝条生长旺盛，成枝率高。一年生成熟枝条扦插出苗率达 50% 左右，其根系发达，生长健壮，抗湿、耐涝。

生产表现 用其作砧木与藤稔、先锋等品种嫁接，成活率高，嫁接苗无明显“大小脚”现象，且嫁接苗有明显乔化现象和早果、早丰产现象。

栽培要点 华佳 8 号是适合我国南方地区应用的一种乔化性砧木，宜作为巨峰系品种和其他葡萄品种的砧木，尤其适合嫁接一些生长势较弱的品种。在扦插育苗时，可利用 100 毫克 / 千克萘乙酸溶液浸蘸枝条基部，以促进插条生根，提高砧木成苗率。

适宜区域 河南省中南部。

（五）抗砧3号

特征特性 “抗砧3号”是以“河岸580”为母本，“SO4”为父本杂交育成的葡萄砧木新品种，耐盐碱，高抗葡萄根瘤蚜和根结线虫，适应性广，产条量高。与生产上常用品种嫁接亲和性良好。

生产表现 与常用砧木“贝达”“SO4”相比，对“巨峰”“红地球”“香悦”“夏黑”和“郑黑”等接穗品种的主要果实经济性状无明显影响。在郑州地区，4月上旬开始萌芽，5月上旬开花，7月上旬枝条开始老化，11上旬开始落叶，全年生育期约216天。

栽培要点 该品种抗病性极强，生长势旺盛，为充分利用土地增加产条量，应增大株距，缩小行距，在瘠薄地建产条园时，行株距2.5米 × 2.0米，肥沃良田建园，行株距3.0米 ×2.2米。

适宜区域 河南省全部地区。

（六）抗砧5号

特征特性 以贝达为母本，420A为父本杂交选育而成的。抗病性极强。多年试验观察，在安阳滑县万古镇的盐碱地、开封尉氏县大桥乡的重根结线虫地均能保持正常树势，嫁接品种连年丰产稳产，表现出良好的适栽性。

生产表现 分别嫁接巨玫瑰、夏黑和红地球，与各供试品种嫁接亲和性良好。与对照砧木品种贝达相比，对巨玫瑰、夏黑和红地球的可溶性固形物、平均穗质量、平均粒质量和风味等主要果实经济性状无明显影响。

栽培要点 为了获得数量多、质量好的枝条，架式宜采用单臂篱架，树形采用头状树形。生长势旺盛，为充分利用土地，增加产条量，应增大株距，缩小行距，在瘠薄地建园时，可采用2米 ×2.5米的株行距，在肥沃良田建园，可采用2.5米 ×2.5米的株行距。生长势强，对肥水要求不严格，但为增加产条量和枝条成熟度，应在每年10月重施基肥（每公顷60 000千克有机肥）的基础上，于萌芽期追施1次含氮量高的氮磷钾三元素复合肥。

适宜区域 河南省全部地区。

（七）山葡萄

特征特性 山葡萄又名野葡萄，是葡萄科落叶藤本。单叶互生、深绿色、宽卵形，秋季叶常变红。圆锥花序与对生，花小而多、黄绿色。雌雄异株。果为圆球形浆果，黑紫色带蓝白色果霜。花期5—6月，果期8—9月。

生产表现 抗性较强，病害基本很少发生，对土壤要求不严格。为葡萄属中抗寒性最强的种，枝条可耐-40℃以下低温，根系可耐-15℃以下低温，抗根癌病中等，是云南寒地葡萄栽培的主要砧木，由于山葡萄扦插生根力差，生产上多用实生砧。主要应用于鲜食葡萄品种，表现抗寒、耐瘠薄、耐盐碱。

栽培要点 主要防治虫害，春梢芽期注意防治蚜虫及食叶性害虫，如金龟子等。

适宜区域 适应于海拔1 400~2 600米大部分地区，在大部分温湿河谷区、冷凉山区的葡萄产区均可种植。

（八）520A

特征特性 树势强旺，耐寒性差。树冠扩展迅速，使枝条成细长型。成叶中等大，近圆形，有锯齿，2~3浅裂。叶柄洼箭形。叶面光滑，叶背有白色绒毛。果实小。属多抗性砧木。较抗根瘤蚜，抗线虫病，抗旱性较强，耐湿，耐盐0.5%。

生产表现 枝、蔓萌芽早，萌芽能力极强，易发副梢，扦插易生根，但与一般栽培品种相比发根慢，扦插出苗率70%左右。嫁接亲和力好。

栽培要点 老蔓各部位也均易萌芽，地面上下的树基部易长萌蘖，以致抹芽、整枝次数较多。

适宜区域 甘肃全省。

（九）山河二号

特征特性 生长势较强，根系抗寒性与山葡萄相似，可抗-14.8℃的低温，发达，生长旺盛，叶片大，花序浅绿色，顶端深红色，花序梗深红色。果实呈黑色，大小中等，可直接栽培。适应范围广。

生产表现 扦插容易生根，成活率极高。与生产上主栽品种嫁接亲和力强。对真菌性病害抗性较强，对根瘤蚜有较强的抗性，不抗根癌病。抗寒力强。

栽培要点 夏季及时抹除砧木萌蘖，对品种新稍长到20~30厘米时选留2条粗壮枝，搞好引缚，防止风折。对副梢留1片叶子摘心，促进新梢生长。要及时除去缚扎的塑料条，为嫁接部位松绑，促进加粗。

适宜区域 河西地区均可栽植。

四、梨砧木

（一）杜梨

特征特性　乔木，树冠开张，枝常具刺；小枝嫩时密被灰色绒毛，二年生枝条具稀疏绒毛或近于无毛，紫褐色。叶片菱状卵形至长圆卵形，先端渐尖，边缘有粗锐锯齿，幼叶上下两面均密被灰白色绒毛；叶柄长 2~3 厘米。伞形总状花序，有花 10~15 朵；萼片三角卵形，花瓣宽卵形，花药紫色。果实近球形，直径 5~10 毫米，2~3 室，褐色，有淡色斑点，萼片脱落，基部具带绒毛果梗。花期 4 月，果期 8—9 月。

生产表现　是我国应用最广泛的梨树砧木，属乔化砧，分布于华北、西北各省。嫁接各梨品种表现出乔化性状，树体生长健壮，进入结果期较晚；较丰产、稳产；抗逆性强，抗旱，耐涝，耐盐碱。但其致矮效果不佳，生产中多采用“以果压冠”的方式进行控冠，矮化砧木资源亟待开发利用。

栽培要点　对土壤要求不严格，砂土、壤土、粘土都可以栽培。pH 值在 5~8.5 均可，但以 5.5~6.5 为最佳。属深根性果树，且根的水平伸展力强，对土层较瘠薄的园地最好先实行壕沟改土或大穴定植。就地势而言，山地、平地或丘陵均可。但在沿海地区和山区应注意适当避风或设置防风林。

适宜区域　华北、西北各省大部分地区均可栽培。

（二）山梨

特征特性　乔木，高可达 12 米。叶片卵形至广卵形，边缘具刺芒状细锯齿。花白色，5~7 朵组成伞房花序。花期在 4—5 月。果近球形，黄色或绿色带红晕，果期 10—11 月。种子需层积沙藏。喜光，耐旱，耐寒。多生于山坡和河边林缘中。

生产表现　抗腐烂病能力较强，对生长条件要求不高，故常用作砧木，与西洋梨亲和力强，与沙梨、白梨亲和力较差。

栽培要点

① 培肥地力，增强树势。首先是要增强树体的各种必需元素的供给，特别是成园土地，更要加大氮磷钾肥的投施。要增施有机肥料，注意灌排水，保

持适度墒情，要注意适时喷洒药物以保肥水之效，切实促进树体的强壮，增强其抗病能力。

② 整剪树形，强花促果。要及时清理剪除病枝、死枝，刮除病皮，并在其刀剪伤口处及时涂抹愈伤防腐膜，促进伤口愈合，防止病菌侵袭感染。要在花蕾期、幼果期和果实膨大期，喷施药物，增粗果蒂，加大营养输送量，防落花、提高授粉能力，提高坐果率，加快膨大速度，确保果品优质高产。

③ 促花分化，均衡果率。树体挂果的大小年使得树体承载失衡，既影响均衡收益，也影响果园树体健康。要在每年的花芽分化期环刷药物，提高坐果率，抑梢狂长，彻底均衡大小年。

④ 防虫防病，安全树越冬。虫害可使树体衰弱、抗病能力差、病毒易侵染，要根据植保措施喷洒药剂灭虫；秋末冬初，要涂刷药物，做好园地和树体的越冬抗寒准备。要增施肥，保障树体营养供给，确保树体的健壮，为来年丰产增收奠定基础。

适应区域　辽宁全省。

（三）豆梨

特征特性　来源华中、华南地区。树高 8~10 米，乔木。小枝粗壮，圆柱形，在幼嫩时有绒毛，不久脱落，二年生枝条灰褐色；冬芽三角卵形，先端短渐尖，微具绒毛。叶片宽卵形至卵形，稀长椭卵形，长 4~8 厘米，宽 3.5~6 厘米，先端渐尖，稀短尖，基部圆形至宽楔形，边缘有钝锯齿，两面无毛；叶柄长 2~4 厘米，无毛；托叶叶质，线状披针形，长 4~7 毫米，无毛。伞形总状花序，具花 6~12 朵，直径 4~6 毫米，总花梗和花梗均无毛，花梗长 1.5~3 厘米；苞片膜质，线状披针形，长 8~13 毫米，内面具绒毛；花直径 2~2.5 厘米；萼筒无毛；萼片披针形，先端渐尖，外面无毛，内面具绒毛，边缘较密；花瓣卵形，长约 13 毫米，宽约 10 毫米，基部具短爪，白色；雄蕊 20 枚左右，稍短于花瓣；花柱基部无毛。梨果球形，直径约 1 厘米，黑褐色，有斑点，萼片脱落，2 心室，果梗细长。花期 4 月，果期 8—9 月。

生产表现　嫁接成活率高且生长良好，深根性、细根多，耐高温、耐湿性强，抗火疫病，不耐盐碱。是南方沙梨系统的优良砧木，欧洲亦用作西洋梨砧木。

栽培要点　实生繁殖。秋季采种后堆放于室内，使其果肉自然变软，期间需经常翻搅，防止其腐烂，待果肉变软后，于水中搓洗，将种子捞出，放在室内阴干。种子进行混沙贮藏，湿沙与种子比例为 3：1，拌匀后放在室外背阴的贮藏池内，种芽露白后，及时播种。

适应区域 分布在山东、河南、江苏、浙江、江西、安徽、湖南、湖北、福建、广东、广西壮族自治区。适生于海拔 80~1 800 米温暖潮湿气候的山坡、沼地、杂木林中。主产长江流域至华南地区。喜光，喜温暖湿润气候及酸性至中性土。

（四）酸梨

特征特性 根系发达，水平根分布较广，花因而物候期差别很大。花托发育为果肉，子房发育为果心。

生产表现 梨对外界环境的适应性强。耐寒、耐旱、耐涝、耐盐碱。

栽培要点 苗木培育、施肥、管理、人工授粉、疏花疏果、果实套袋、防治病虫害、整形修剪。

适宜区域 福建梨产区。

（五）棠梨

特征特性 棠梨属于蔷薇科梨属落叶乔木，常野生于温暖潮湿的山坡、沼地、杂木林中，可用作嫁接西洋梨等的砧木。株高可达 3~5 米，树形倒卵形，树冠较大，冠幅 4~9 米。小枝幼时有绒毛，后脱落。叶片宽卵形或卵形，少数长椭圆状卵形，长 4~8 厘米，宽 3~6 厘米，顶端渐尖，基部宽楔形至近圆形，边缘有细钝锯齿，两面无毛。4 月下旬至 5 月上旬花先于叶开放，花成伞形总状花序，白色花瓣，卵形、基部具短爪、雄蕊 20、稍短于花瓣。花 6~12 朵；花序梗、花柄无毛；花柄长 1.5~3 厘米；花白色，直径 2~2.5 厘米；萼筒无毛，萼片外面无毛，内有绒毛；花柱 2 个，少数 3 个，无毛。梨果较小，近球形，直径 1~1.5 厘米，褐色，有斑点，萼片脱落。

生产表现 适应性强，抗病、耐寒、耐瘠薄。深根性，生长较慢。花期 4—5 月，果期 8—9 月。

栽培要点 棠梨采用为种子繁殖。可于秋季采种后堆放于室内，使其果肉自然发软。期间需经常翻搅，防止其腐烂，待果肉发软后，放在水中搓洗，将种子捞出，放在室内阴干，当年 12 月至次年 1 月均可播种，20 天左右即可发芽，一亩可育苗 8 000 株左右，当年苗床可嫁接，或移栽至大田次年再嫁接，大田栽植时挖深宽 80 厘米 ×80 厘米的大塘或 1 米 ×1 米的栽植沟，栽植时放入腐熟有机肥，注意根要舒展，栽好后浇足水，然后盖上薄膜，直至成活后揭膜。

适宜区域 云南、福建等区域。

（六）沙梨

特征特性 落叶乔木，高达5~13米。小枝光滑，或幼时有绒毛，1~2年生枝紫褐色或暗褐色。叶卵状椭圆形，长7~12厘米，先端长尖，基部圆形或近心形，边缘具芒状锐齿；叶柄长3~5厘米。花白色，径2.5~3.5厘米；雄蕊20个；花柱5个，稀4，无毛；花梗长3.5~5厘米。果近球形，有浅色小果点，萼片脱落，5室。花期3—4月；果熟期8—9月。

适宜区域 长江以南梨产区。

（七）滇梨

特征特性 乔木，高5~10米；小枝圆柱形，幼嫩时具稀疏黄色绵毛，不久脱落，老枝紫褐色，具有稀疏皮孔；冬芽卵形，先端渐尖，鳞片边缘有毛。叶片卵形或长卵形，稀披针状卵形，长6~8厘米，宽3.5~4.5厘米，先端急尖或圆钝，基部圆形或宽楔形，边缘具有钝锯齿，上面无毛，下面有黄色绵毛，逐渐脱落近于无毛，侧脉7~12对，在干制后网脉明显；叶柄细长，有黄色绵毛或近于无毛，长1.5~3.5厘米。伞形总状花序，有花5~7朵，被稀疏黄色绵毛，不久脱落近于无毛；总花梗和花梗幼时具绵毛，不久脱落，花梗长2~3厘米；萼筒在幼嫩时稍有绵毛，不久脱落；萼片三角卵形，先端急尖或钝，边缘有稀疏腺齿，长约2厘米，外面被稀疏绵毛，内面被细密绵毛，与萼筒近于等长；花瓣宽卵形，长6~8毫米，先端全缘或有不规则开裂，基部有短爪，白色；雄蕊25，约等于花瓣长度之半；花柱3~4个，无毛。果实近球形，直径1.5~2.5厘米，褐色，基部近圆形，梗洼稍微下陷，先端具有宿存直立或内曲萼片。外面有斑点，3或4室；果梗长3~4.5厘米；种子倒卵形，微扁，长5~6毫米，深褐色。花期4月；果期8—9月。

生产表现 树体生长旺盛，乔化作用明显。干性强，树体可高达20余米。根系发达，对土壤的适应性强，耐瘠薄。耐涝、抗旱、耐寒。与各系统梨嫁接亲和力均好。

栽培要点 定植时需深翻改土，才能获得较高品质的梨果。合理整形修剪，避免树体过于高大而影响采收。

适宜区域 云南各地均有野生植株，适于各梨产区作为砧木栽培。

五、桃砧木

（一）毛桃

特征特性 落叶小乔木，树干粗糙，灰褐色，新梢绿色，向阳面紫红色。冬芽小，无毛，复芽半数以上。叶片披针形，叶缘细锯齿，叶面深绿色，无毛，叶背色较浅。花白色或淡红色，萼筒紫红色，外被柔毛，花柱长于雌蕊。果实圆形，直径2.5~3.5厘米，有柔毛，缝合线明显，果顶微尖，果肉薄，白色，风味酸甜，离核，核面有倾斜沟纹，无点纹。与桃嫁接亲和力强，接后生长势强，根系发达；寿命长与山桃。

生产表现 毛桃生长势强，播种后当年都可嫁接；甚至当年播种、当年嫁接、当年出圃的“三当苗”都可以达到比较高的苗木质量。较耐修剪，易管理。成花容易，座果率高，丰产性好，果实8月中旬成熟。

栽培要点 毛桃幼树新梢生长较旺盛，发枝力强，幼树采用轻剪长放，早结果。进入结果后，结果量大，需注意长放与短截相结合，不可一味长放，避免树势衰弱。夏季修剪应控制内膛徒长枝发生，对旺枝进行疏剪，促使内膛通风透光，促进花芽分化。

适宜区域 适合所有桃产区，但积水地块或盐碱地生长不良。

（二）山桃

特征特性 别名山毛桃、漆桃。主要分布区为甘肃平凉市、燕山山脉、太行山山脉和伏牛山山脉，且有大量山桃与普通桃的自然杂交类型。野生状态山桃多为丛状灌木，主根发达，根系分布较深。一年生苗主根长度达50厘米以上。果实7月中旬成熟。山桃需冷量400小时，需热量低。为落叶小乔木，高可达10米，园林中常作灌木应用。树皮紫褐色而有光泽，称古铜色树干，叶狭卵状披针形，叶色葱绿。性喜光，要求通风良好；喜排水良好，耐旱；畏涝，耐寒，华东、华北一般多可露地越冬。适于轻质壤土，耐碱土，土壤水分保持在60%~70%为好。

生产表现 与桃、李嫁接，愈合良好，亲和力高，有轻微大脚现象，早期丰产性比桃好。山桃根系发达，耐旱、耐寒，抗盐碱土壤，耐瘠薄，在石缝间可生长，生长迅速，长势旺盛，用山桃作为砧木嫁接可以提高花木的抗逆性和适应能力，并且繁殖速度快、质量高。但其不耐涝，易感染根癌病和流胶病。对桃蚜有驱避作用，抗桃蚜，且抗性呈显性遗传。

栽培要点 选取品种纯正、砧木类型一致、生长健壮的无严重病虫害的母株采种。按标准要求将晾晒和阴干后的种子进行精选和分级，以提高出苗率和苗木整齐度。将种子进行层积处理，以打破休眠。在春季3月中、下旬至4月上、中旬进行播种。播种地准备，以沙壤或壤土作为播种地为好，并施足腐熟有机肥，然后作畦或作垄。畦的宽度和长度以便于苗圃作业为准。为防治地下害虫应在播种前撒施农药或毒土。播种，划沟后浇足水，按一定距离将种子点播在苗床或垄沟内。播种深度应以种子最大直径的2~3倍为宜，干燥地区比湿润地区播种应深些，沙壤土、沙土比黏土要深些。出苗后管理，当长到2~3片真叶时可以移栽，移栽太晚缓苗期长，太早则成活率低。移栽后要立即灌水。移栽后的株行距一般为20厘米 ×30厘米，每亩出苗在8 000~10 000株。注意追肥和干旱时灌水，进行多次中耕除草；及时防治病虫害，主要是蚜虫和立枯病，如有立枯病发生时，可向根部浇600~800倍多菌灵溶液。

适宜区域 东北、西北、华北桃产区。

（三）毛樱桃

灌木；可以作为桃矮化砧木；矮化作用明显，嫁接亲和力受地理位置不同表现很大差异。嫁接后成花早，树体矮化，但树体经济寿命短，早衰严重。

适宜区域 西北、华北、东北露地或保护地少量采用。

（四）山杏

乔木。生长势较毛桃、山桃弱，嫁接亲和力好。抗寒、抗旱性强。

适宜区域 西北、华北、东北部分采用。

（五）光核桃

特征特性 光核桃，丽江雪桃常用砧木，当地人称其为红心毛桃。乔木，高达10米。枝条细长、开展，无毛。叶片披针形或卵状披针形。花单生，先于叶开放，花瓣宽倒卵形，粉红色。果实近球形，直径约3厘米，肉质，不开裂，外面密被柔毛，果梗长4~5毫米。核扁卵圆形，表面光滑，仅于背面和腹面具少数不明显纵向浅沟纹。花期 3—4 月，果期 8—9 月。果实含糖量高，可供食用。

生产表现 根系发达、耐湿力强、生长势好、寿命长、成熟期晚、抗病力强。用光核桃作砧木，亲和力强、成活率高、结果早，能充分表现出丽江雪桃的优良性状。光核桃比较耐寒，也是培育抗寒桃的优质砧木。

栽培要点 选择性状优良、生长旺盛的母株，采集发育完全、充分成熟的果实，堆藏约 1 周后，取种子晾晒后科学贮藏。秋播一般在 11 月进行，种子浸泡 1~2 天后直接播种，播种前平整苗床，施足基肥。春播则种子需经过沙藏处理，种子处理应在 1 月上旬至 1 月中旬进行，在丽江需沙藏 80 天左右，播种后覆土 3 厘米，覆盖地膜，1 周左右即可出苗。出苗后加强肥水管理、勤除杂草，主干 10 厘米以下部位及时抹芽，顶芽及时摘心。

适宜区域 在云南省丽江市古城区、玉龙县、宁蒗县、永胜县均有分布，生长在海拔 2 000~4 000 米的山坡杂木林中或山谷沟边。

六、樱桃砧木

（一）考特

特征特性 英国东茂林试验站1958年利用甜樱桃和中国樱桃杂交育成的世界上第一个半矮化砧，1971年推出，三倍体，3n=24，在英国三倍体考特嫁接甜樱桃树体长势是对照砧木（马扎德或马扎德实生优系F12/1）的80%，但在美国、意大利等不显其矮化作用。东茂林试验站进一步化学诱导，1987年获得六倍体考特，6n=48，六倍体考特嫁接甜樱桃树体长势是对照砧木的75%，而且更容易繁殖。山东临朐1986年引入三倍体考特，分蘖生根能力强，根系发达，水平根多，须根多而密集，固地性强，抗风力强；扦插繁殖或组织培养繁殖容易，与甜樱桃品种嫁接亲和力强，嫁接成活率高，接口愈合良好，无“大小脚”现象。与板蓝根比较，枝条较脆，毛细根多，且多成水平分布，板蓝根枝条较软，根系多下垂状。

生产表现 考特与甜樱桃、酸樱桃亲和性好，嫁接树分枝角度大，易整形，初期树势较强，随树龄增长逐渐缓和，进入结果期树势中庸。嫁接苗结果期早，花芽分化早，果实品质好，早果性好，丰产稳产。嫁接生长势强的“红灯”“美早”等品种，幼树营养生长旺盛，进入结果期晚，需要控肥控水甚至生长抑制剂控制，建议嫁接早实丰产品种“拉宾斯”“萨米脱”“鲁玉”“雷尼”等，结果早，好管理，丰产性好，但坐果多时果个变小。对土壤适应性广，在土壤肥沃、排灌良好的砂壤土上生长最佳，对干旱和石灰性土壤适应性有限。抗病性强，抗假单胞属细菌性溃疡病。山东临朐甜樱桃多数采用考特砧木，平原、丘陵地都生长良好，树势强，树体健壮，园相整齐，产量高而稳。不足之处是易患根癌病，抗旱性差，也不宜栽植在黏重土壤、透气性差及重茬地块。

栽培要点 “考特”最大的优点是硬枝和嫩枝扦插都容易繁殖。嫩枝扦插5—9月，选择半木质化插条，以粗砂为扦插基质，以250毫克/升萘乙酸（NAA）速蘸处理生根率达91%，插条生根快，扦插后20~25天开始生根，45天后就可移栽。其分蘖力和生根能力均强，扦插和组织培养繁殖容易，栽植成活率高。

适应区域 适宜山东、陕西、北京等北方丘陵、山地壤土或沙壤土地区。

（二）吉塞拉系列

特征特性 德国吉塞（Giessen）市 Justus Liebig 大学杂交育成。20 世纪 60 年代，以酸樱桃、甜樱桃、灰毛叶樱桃和草原樱桃等几种樱亚属植物进行种间杂交，获得 6 000 余株杂种实生苗，通过评价、鉴定，初选出 200 余株进行扩大繁殖，进一步确定其矮化性、亲合性、抗病性、萌蘖性和早实性。美国和加拿大 1987 年成立砧木比较试验合作组，引进 17 个 Gisela 优系进行试验，1995 年筛选出 4 个吉塞拉砧木在生产上推广应用，中国称为吉塞拉系列，分别是"吉塞拉 5（Gisela5）"（矮化程度相当于马扎德的 45%）、"吉塞拉 6（Gisela6）"（矮化程度相当于马扎德的 70%）、"吉塞拉 7（Gisela7）"（50%）、"吉塞拉 12（Gisela12）"（60%）。近几年又推出了"吉塞拉 3""吉塞拉 4"和"Gi 195/20"，其中，"吉塞拉 3"比"吉塞拉 5"更矮化，"Gi 195/20"为甜樱桃与草原樱桃杂交育成，半矮化。我国引进推广的主要为"吉塞拉 5""吉塞拉 6"。

生产表现 与甜樱桃嫁接亲和力强；嫁接的甜樱桃早果性、丰产性好，一般定植后第 2 年结果，第 4~5 年丰产；对常见的樱桃细菌性、真菌性和病毒病害均具有很好的抗性，包括根癌病、流胶病、李矮缩病毒（PDV）病和樱亚属坏死环斑病毒（PNRSV）病；对土壤的适应范围广，一般砧木忌黏重土壤，但吉塞拉砧木能够适应黏土；萌蘖数量少，甚至没有，固地性好。抗寒性强。"吉塞拉 5"为矮化砧，以酸樱桃为母本，与灰叶毛樱桃杂交育成，三倍体杂种，其嫁接树的树冠只有标准乔化砧马扎德的 45%~50%，分枝角度大，树形自然开张，很少死树。其突出的优点是早果性好，嫁接的甜樱桃第 2~3 年开始结果，4~7 年生树结果 5~15 千克 / 株，缺点是要求很好的土壤肥力和水肥管理水平，否则容易出现早衰，并需立柱支撑。根系发达，适应黏砂土壤和多种土壤类型。对 PDV 和 PNRSV 具有很好的抗性。在贫瘠土壤、自然降水少或管理不良时，树体长势弱，结果多，果个小，甚至早衰。建议嫁接生长势旺的品种，如："美早""红灯"；嫁接早实丰产品种时进行高密栽培，采用超细长纺锤形，不定干，中心干上直接着生结果枝。"吉塞拉 6"属半矮化砧，酸樱桃与灰叶毛樱桃杂交育成。具有矮化、丰产、早实性强、抗病、耐涝、土壤适应范围广、抗寒等优良特性。吉塞拉 6 甜樱桃树体大小马扎德砧甜樱桃的 70%，嫁接树树体开张，圆头形，开花早、结果量大。适应各种类型土壤，固地性能好，在粘土地上生长良好，萌蘖少。嫁接"早大果""布鲁克斯""萨米脱""鲁玉""彩玉"等均可。目前主要山东是泰安、陕西铜川应用较多。

栽培要点 吉塞拉绿枝扦插，一般在弱光照和高湿度的遮阴棚内进行，棚内苗床铺河沙，厚20~30厘米，棚内安装喷雾设备，喷头距苗床上方70~150厘米为宜，棚外安装遮阴网，网棚间距50厘米以上，扦插时间5月到9月，新梢生长至20厘米以上时即可开始扦插，新梢半木质化时扦插成活率高，可在6月初到8月中分批次进行；插条长20厘米，摘掉基部2~3片叶，用ABT生根粉（1克对水500克）处理插条基部。

适应区域 适宜山东、陕西、辽宁、北京等甜樱桃主要产区的平原或丘陵地区，土壤质地较好的壤土或沙壤土地区。

（三）马哈利

特征特性 马哈利原产欧洲中东部，为樱亚属的一个种，18世纪在欧洲开始使用，是欧美各国最普遍应用的甜樱桃、酸樱桃砧木，近年来，辽宁大连、陕西等地区应用较多。马哈利CDR-1是西北农林科技大学从马哈利樱桃自然杂交种的实生苗中选出的抗根癌病砧木，2005年通过陕西省林木品种审定委员会审定。“马哈利”樱桃叶片圆形或卵圆形，有光泽，有大叶、小叶两种类型；果实小，紫黑色，离核，味苦涩，不能食用。幼树根系发达，成龄后，粗根较多，多向下伸展，树体生长健壮，树冠扩大较快。抗旱、耐瘠薄、但不耐涝，在黏重土壤生长不良；耐寒力很强。

生产表现 马哈利嫁接甜樱桃，结果早、产量高，果实大，抗逆性强，幼树树体生长势旺，结果后逐年缓和，树势中庸，半开张。马哈利嫁接树生长早期可通过“根修剪（断根）”使其矮化。马哈利嫁接树有突然死亡现象，即“延后不亲和”，其原因是这种嫁接树在黏土中暂时性通气不良缺氧引起的根伤害，马哈利砧对根腐病敏感。根系容易受蛴螬为害，种植时必须做好蛴螬的防治工作。

栽培要点 多用种子播种繁殖，每千克种子达6 000~8 000粒，经沙藏处理后，萌芽率可达90%。“CDR-1”砧木，种子千粒质量166克。种子在采收后应立即进行砂藏处理，将种子砂藏到翌年3月，待达到一定积温，地温在8~10℃时种子即可萌发，直到地温升至20℃种子停止萌芽，然后将未发芽的种子继续砂藏，第3年春天仍有20%~40%的种子萌芽。幼苗生长整齐，播种当年可供芽接株率达95%以上，与甜樱桃嫁接亲合力强，有“小脚”现象，苗木生长健壮，成苗快，嫁接甜樱桃时砧木干留高些有一定矮化作用。不适合扦插和压条繁殖。

适宜区域 适宜陕西、辽宁、山东、北京等丘陵的壤土或沙壤土地区。

（四）本溪山樱

特征特性 本溪山樱高大乔木，树冠半开张，枝条粗壮，生长健壮，结果早。果实红紫或黑紫色。

生产表现 本溪山樱作砧木，为高大乔木，根系发达，对土壤适应能力强，耐瘠薄，抗寒耐旱性强，主侧根都较发达，但嫁接口稍高即出现“小脚”现象，不抗涝，根癌病较重，如栽培管技术跟不上，则结果较晚，有些果园需要6~7年进入结果期。

栽培要点 因此用本溪山樱作砧木应注意选择适宜的种苗，以免根癌病、小脚病的发生。造成小脚病的主要原因是砧木与接穗生长发育不一致，砧木生长缓慢，而接穗生长迅速，出现上粗下细的“小脚”现象。幼树期间影响不大，进入结果期后，根部向树体输送养分能力不足，会导致树体饥饿衰弱而死亡。用本溪山樱作砧木时，紧贴根部进行嫁接，可减轻小脚病的发病率。

适宜区域 河北省北部地区。

（五）吉塞拉6号

特征特性 吉塞拉6号（Jisaila）甜樱桃矮化砧木由德国育成，其植物学性状特点等同于灰毛叶樱桃，为酸樱桃（*Prunun cerasus*）与灰毛叶樱桃（*P.canescens*）进行种间杂交培育的三倍体杂种，在欧洲、北美广泛应用。该种砧木经多年生产试验观察，与大多数甜樱桃品种亲合性良好，具有明显的矮化、丰产、早实性强、抗病、耐涝、土壤适应范围广、固地性能好、抗寒、产量效率高等优点。

生产表现 属半矮化砧，可节省劳力、设备、化学药品，且便于管理操作。嫁接在吉塞拉6号上的甜樱桃自然生长树体开张，圆头形，开花早、结果量大。吉塞拉6号自根树及嫁接其上的甜樱桃高抗细菌性溃疡病（细菌性流胶病），高抗樱桃坏死环斑病毒（PNRSV）和洋李矮缩病毒（PDV）。适应各种类型土壤，在粘土地上表现良好。萌蘖少，固地性能好。冬季耐零下30℃低温。为矮化自根砧，树体早果、丰产性能高，定植后3年见果，第4年丰产，株产可达10千克。

栽培要点 为无性系砧木，不能采用种子繁殖。采用硬枝扦插，生根率仅为20%~30%;采用绿枝扦插，生长素IBA 500毫克/毫升处理1分钟，生根率达到70%左右。因此，采用常规无性繁殖技术速度慢，都不能及时获得大量砧木苗，采用组织培养繁殖系数高。苗木嫁接应用木质芽嫁接技术，嫁接时期为8月中旬至9月上旬，嫁接成活率达95%以上；春季嫁接成活率低，仅为50%左右。采用起垄或高台式定植建园，可采用芽苗或嫁接成苗于春季定植，树形可采用纺锤形或小冠疏层形。盛果期树应加强回缩更新。

适宜区域 河北省昌黎、山海关、廊坊等地均有栽培。

（六）ZY-1

特征特性 中国农业科学院郑州果树所1988年从意大利引进的甜樱桃半矮化砧木。其特点是根系发达，萌芽率及成枝率均较高，分枝角度大，树势中庸，抗旱性强、较抗寒、根癌抗性一般，幼树生长较快，进入结果期后，树势明显下降。

生产表现 萌芽率高，成枝力强。树势中庸，易成花，进入结果期早，盛果期树要合理控制负载量，防止树势早衰。与大樱桃品种嫁接亲和力好，无“小脚”现象，嫁接苗木成活率高。

栽培要点 ZY-1抗根癌能力强，适于不很黏重的土壤栽培。主要采用组培繁殖。

适宜区域 在河南省南部地区，尤其是运城绛县等地较多。

（七）大青叶

特征特性 大青叶樱桃为小乔木或灌木，是山东省烟台市从中国樱桃中选出的一个优良甜樱桃乔化砧木。枝条粗壮，节间短，分枝少。叶片较大，平展，有光泽。

生产表现 乔化砧木，毛根发达，适应性较强，抗根癌病、抗旱性一般，不耐涝。嫁接甜樱桃品种后，树体较高大，根系分布浅。嫁接苗定植3年开始结果，进入盛果期需6~7年。适宜在沙壤土或砾质土壤中生长，在黏重土壤上生长时，盛果期树嫁接部位易流胶。在pH值>8.0的土壤上易出现黄化现象。

栽培要点 株行距3~4米，在华北和西北甜樱桃栽培区，因年降雨较少，一般情况下不起垄种植。采用春夏两次修剪技术，使幼树每年形成两层主枝，在定植后3年之内形成细长纺锤形的丰产树形。幼树树形一旦成形，喷施多效唑或PBO控制营养生长，完成营养生成向生殖生长转化。

适宜区域 大青叶乔化砧嫁接的甜樱桃苗适宜种植于年降雨量较少的华北

和西北甜樱桃栽培区，选择地下水位低，排灌良好，土壤肥沃且通透性好的沙壤土、壤土、轻黏土建园。

（八）野樱桃

特征特性 常见于海拔 1 500~2 400 米山区地带。乔木，树冠高大，树势强健，半开张。抗寒能力强。幼树时树干呈绿色或绿灰色，成年后呈灰褐色，分枝力强，分蘖多。叶片卵圆披针形，长 6.1~8.5 厘米、宽 2.3~3.9 厘米，先端渐尖，基部心形，边缘有单或复锯齿。总状花序，花 3~6 朵。果实小，卵圆形，红色或黄红色，平均单果重 0.5~1.2 克，果柄细长，易与果实脱离。种子卵圆形或扁圆形，播种出苗率高，树体强壮，根系发达，嫁接亲和力强。

生产表现 自花结实力强，种子萌芽率高，可达 95% 以上。生长势强，直根系发达。是良好的樱桃砧木。

栽培要点 苗圃地要求不积水，以 5° 以下的缓坡沙壤土地为好，土质疏松、肥沃。不得重茬播种，注意土壤消毒和立枯病防治。亩用农家肥 3 000 千克以上，撒施磷肥 40 千克。土壤翻细整平做畦，畦宽 1~1.2 米。种子采收洗净晾干后可在冰箱冷藏室中冷藏 5~7 天后熟，再砂藏至芽萌后点播或撒播。嫁接可用枝接或芽接。

适宜区域 云南樱桃种植区域。

（九）苦樱桃（也叫毛樱桃）

特征特性 产于云南省楚雄、富民等地。野生多见，分布较广。小乔木，树高 3~7 米，树形常呈丛状，主干不明显，树皮粗糙，枝条暗灰色，叶片披针形，长 4.8~6.5 厘米，宽 1.8~2.6 厘米，先端渐尖，边缘具单或复锯齿，叶柄长，着生 1~3 个圆形蜜腺。总状花序 3~6 朵。果实圆柱形或长椭圆形，深红或黄红色。长 1.32 厘米、宽 1.0 厘米、厚 0.9 厘米，果梗长 1.23 厘米，无毛柔较，果实向下披垂，果肉厚，味苦，种子饲卵圆形。果实外观鲜艳美丽，近年已有引入园林或街道绿化，可作砧木。

生产表现 耐瘠薄、耐旱，但肥水条件改善后产量、质量提高明显。

栽培要点 一般大穴定植，株施有机肥 20 千克栽植，以后每年于雨季、秋季进行扩穴深翻施肥，深度 30~50 厘米，深翻时清除多余根蘖及近地表根系，集中营养，促进根系深广。耐阴喜光，多采用丛状自然形，幼树期可任其自然生长，进入结果期后，对生长旺盛，枝条密挤的大植株，疏除过密枝、细弱枝、病虫枝、重叠枝，使其均匀分布，树势衰弱及时回缩更新，老枝干从基部疏除更新，促进枝干生长、维持植株健壮。果实完全着色、变软、口味变佳时采收，手握枝头摇下收集。

适宜区域 云南樱桃种植区域。

七、荔枝砧木

（一）兰竹

特征特性 荔枝果大，呈心脏形，单果重23~30克，果皮龟裂隆起，缝合线明显。果皮鲜红的称红皮兰竹，果皮红绿者称青皮兰竹。果肉厚，乳白色，味甜带微酸，有香气，焦核率高，可食部分占78%。

生产表现 兰竹荔枝定植以来，生长快、长势旺，3年生树高、冠径都达170厘米以上。前期树高大于冠径，后期冠径增长加快，限制了树高的过分增长，增大了结果面积。

栽培要点 加强果园基础建设和土壤改良；培养健壮的结果母枝；控冬梢促成花；调控花穗促结果，包括控花穗调节花期、疏穗疏蕾；科学管理花果期肥水；做好保花保果工作；及时治虫防病。

适宜区域 福建漳州荔枝产区。

（二）乌叶

特征特性 黑叶荔枝花序粗大，长29.6厘米，直径28.4厘米。雄花占总花数45.1%~81.9%，雌花占18.1%~54.9%。雄花开花时，直径7.8毫米，高6.1毫米。雄花雄蕊6~7枚，一般6枚，发达；雌花1枚退化。雌花开花时，直径6.5厘米，高6.7厘米。雌花雄蕊6~7枚，退化；雌蕊1枚，发达，柱头两叉分裂，向后卷曲270°。

生产表现 黑叶荔枝适较潮湿、肥沃之地种植。在干旱瘠瘦之地种植，枝条易干枯而早衰。枝梢软脆，天牛及木蠹蛾幼虫等喜欢为害。耐寒力较弱，适于偏南地区种植。皮层较厚，驳枝易生根，成活率较高。

栽培要点 根据黑叶荔枝的生长特性，栽培过程中主要做好以下几点：促多发成熟充实的秋梢作结果母枝；严控冬梢；控穗疏蕾，调节花期；防治病虫害（如天牛、椿象等）。

适宜区域 福建漳州荔枝产区。

（三）褐毛荔枝

特征特性 是荔枝的野生变种。云南本地褐毛荔枝主要有屏荔 -3、屏荔 -4、屏荔 -5 3 个亚种，主要分布在红河州屏边县海拔 300~1 000 米的地区。果歪心形，单果重 26~30 克。树冠圆头形，树姿半开张，树势强健。小叶椭圆披针形，叶缘波纹状。果实含可溶性固形物 15%，全糖 10.34%，酸 0.96%。

生产表现 早熟。果皮较厚，色鲜红，稃大可食率低。肉质细、较化渣、多汁、甜中带酸，品质中等。树体高大，适应性广、光合能力强、坐果率高。4 月下旬至 5 月上旬成熟。

适宜区域 云南荔枝适宜区均可种植。

第二篇
果树主要栽培技术模式

一、苹 果

（一）苹果矮砧密植集约栽培技术模式

技术模式概况 矮化栽培是世界苹果发展的趋势和方向，具有见效快、效益高、宜管理等特点。目前矮砧密植是世界苹果栽培发展的方向，也是我国现代苹果产业发展的方向。大力推广这一先进栽培模式，对于推动我国苹果栽培制度与国际接轨，实现我省苹果生产由数量型向质量型、具有重大而深远的意义。苹果矮砧集约栽培模式技术在多年研究积累和系统总结各地经验的基础上，通过国家苹果产业技术体系在全国的布点试验，业已证明其技术成熟度高、适应性强、应用面广，管理省时省工、极显著节省劳动力、农民容易接受，有良好的推广应用前景。

增产增效情况 特点一：树冠矮小，适于密植，管理方便，显著节省劳动力，需要的肥水适中，需要的栽培空间小，因而比苹果乔化栽培增效明显。特点二：成花易，结果早，产量高，见效快；宽行，通风透光，光合能力强，消耗少；营养积累多，果个大，易着色，品质好，因而比苹果乔化栽培增产效益显著。特点三：管理技术简单，易于进行标准化生产。易于机械化作业，生产效率高。生产周期短，比传统的乔砧栽培更新换代快。

技术要点

（1）矮化砧木选择 不同地区因气候条件和土壤类型的差异，可选择不同类型的矮化砧木及砧穗组合。各地在选择矮化砧木时，要结合当地气候条件、土壤类型及以往矮砧适应性表现，合理选择适宜当地条件的矮化砧木及砧穗组合。应该对砧木的耐旱性、耐寒性、易成花性等进行全面评价，冬季极端最低气温、早春风寒情况、年降雨量及灌溉条件等是必须考虑的因素。砧穗组合在充分考虑适应性的基础上，树体容易成花、较早结果是重点指标。一般考虑：选择 M 系砧木极端气温应在 –23~25℃；也可以选用容易成花的 M9T337 系砧木。

（2）采用宽行密植 栽植密度由品种长势、砧木长势、土壤肥力及树形和架式诸多因素综合考量来决定。长势强的品种（富士、乔纳金等）或土质条件较好及平地，采用较大的株行距栽植；长势弱的品种（如嘎拉、蜜脆及部分短枝型品种等）或土质条件差及坡地，采用较小的株行距栽植。同时，不同的地区、不同的架式和整形方式，也应采取不同的栽植密度。建议采用大行距、小株距栽植方式，株行距为（1~1.5）米 ×（3~4）米，栽植密度为 1 600~3 330 株 / 公顷。

（3）选用大苗建园 建园宜选用 3 年生健壮大苗，且品种、砧木纯正，无检疫性病虫害。健壮大苗的标准是：苗木基部品种接口上 10 厘米处干径在 1.2 厘米以上，苗木高度 1.5 米以上；整形带内最好有 6~9 个有效分枝，长度在 40~50 厘米，分布均匀；苗木根系健壮，超过 20 厘米的侧根 5 条以上，毛细根密集；矮化中间砧苗木的矮化砧长度 20~30 厘米，矮化自根砧苗木根砧长度 20 厘米左右。栽前修剪根系的受伤部分，不带土的苗木应蘸泥浆或蘸生根粉后再栽。

矮砧苹果树主要靠矮化砧起矮化作用，矮化砧的长度对矮化效果影响极大。生产中发现，M 和 M9T337 系矮化砧（中间砧或自根砧）的入土深度与树冠大小关系密切，矮化砧全部埋入地下，品种段容易生根，树体生长旺盛，矮化变成乔化。矮化砧全部露出地面，矮化作用强，幼树生长缓慢，中干易歪斜。因此，栽植时要特别注意矮化砧的入土深度，特别注意不能让品种生根，这与建园的成败关系极大。一般要求旱地建园栽植时，矮化砧（中间砧、自根砧）露出地面 3~5 厘米，即不让品种段生根为宜。生长势旺的品种在以上基础上可再多露 2~3 厘米，生长势弱的品种可再少露 1~2 厘米。

（4）设置立架栽培 利用矮化砧苗木建立的果园，树体易出现偏斜和吹劈现象，须立架栽培。一般 10~15 米间距设立水泥桩（10 厘米 ×12 厘米），地下埋 70 厘米，架高 3.5~4.0 米，均匀设 3 道钢丝，最低一道钢丝距地面 0.8 米。每行架端部安装地锚固定和拉直钢丝（向外斜 15° 左右）。临时措施也可在每株树旁栽一竖直竹竿作立柱，扶直中干。中干延长头固定在竹竿上，要求竹竿直径 1.0 厘米左右（太粗会影响侧芽萌发）、高度 3~3.5 米。

（5）培养高纺锤形和下垂枝修剪 树形选择与栽植密度、架式、砧穗组合类型、土肥水条件等有关。土壤比较肥沃、降雨较多或有灌溉条件的地区，宽行密植栽培的可选择应用高纺锤形；在干旱或土壤条件较差地区，砧木矮化性较弱，栽植密度较低，树形可选择自由纺锤形或细长纺锤形等。高纺锤形整形要点：控制树冠冠幅，提高中心干干性。树高 3.5~4 米，主干高 0.8 米左右，中干上着生 30 个左右螺旋排列的小枝，结果枝直接着生在小主枝上，小主枝平均长度为 1 米，与中干的平均夹角为 110°，同侧小主枝上下间距为 0.3 米左右。中干与同部位的小主枝基部粗度之比（3~5）: 1。

（6）加强土肥水管理 矮砧苹果园，由于结果早、产量高，一定要重视土肥水管理，增强树势。建园时应尽量施足底肥，进入结果期后，以有机农肥为主，适度追施果树专用化肥，搞好叶面喷肥；因需灌水。在有灌溉条件地区，最好安装滴灌设施；无灌溉条件地区，要采用抗旱保墒栽培技术措施。有条件地区应推行果园生草制度，要严格控制结果量，保持树势健壮，保证果品质量。

注意事项 一是选择适应当地条件的特色矮化砧穗组合；二是针对矮砧树的特点开发出一套与之相适应的技术；三是选择合适的栽植密度；四是进入结果期，要特别注重产量的调节，避免过度负担导致矮化树早衰；五是重视苗木质量要求，选择二年生带分枝的大苗进行建园。

适宜区域 全国大部分苹果主产区。

（二）苹果乔砧密植栽培技术模式

技术模式概况 乔砧密植栽培技术模式是基于增加栽植密度，控制树体大小，缩短整形周期的思路发展起来的。目前我国大多数苹果园采用该模式，近年来增加缓慢。

增产增效情况 与矮化密植集约栽培技术模式相比，技术复杂，需要的肥水多，占用空间大，管理成本高，是一个高消耗、低产出的栽培方式。

技术要点 选用优质壮苗，缩短缓苗期；提高管理水平，促进树体健壮生长；增加早期枝叶量，提高树体营养水平。主要措施包括摘心、短截、刻芽、扭梢等。

冬夏剪结合，促进、调整花芽。幼树期以夏剪为主，冬剪为辅，盛果期以冬剪为主，夏剪为辅。

控制树体大小。主要措施有以果压冠、使用植物生长调节剂等。

注意事项 果园郁闭是乔化密植栽培模式的必然趋势，适时间伐是主要解决途径之一，因此在果园郁闭前需确定永久行（树）和临时行（树）。

适宜区域 不适合矮化密植栽培的地区均可。

（三）苹果乔化栽培技术模式

技术模式概况 以云南为例，苹果乔化栽培技术模式在云南已有近 80 年的历史，栽培技术是成熟的，目前是昭通苹果产区主要推广的栽培模式。近年来，主要走省力化修剪、生态化栽培等技术模式。肥水管理、病虫害防治上主要是常规技术。土壤管理主要是推广果园种草，覆草以地养地、以园养园技术。近年来随着栽培密度增大，树形主要以中树冠树形改良纺锤形、纺锤形、小冠疏层形为主，树冠高度控制在2.5~3.0米。高密度种植以主干直接着生结果枝组的圆柱形树形为主。

建园时选择优良苹果品种，按照“因地制宜、适树适栽”的原则，早、中、晚熟品种合理搭配并配置授粉树。

增产增效情况　果园丰产性好，生产出的苹果果面洁净、色泽鲜艳，优质果率从20%提高到80%以上。

技术要点　根据各地主栽品种情况配置相应的授粉树。可利用乔化栽培行间距大的特点，合理套种蔬菜、花生等作物，以豆科作物为主，不仅能增加果农收入，还能使种养地相结合。

注意事项　苹果乔化栽培应注意栽培密度，树形应根据密度来选择。果园生草或种植绿肥，应注意种植时在行间离树1米外播种，11月前必须全部压青或翻耕，冬季苹果园不能有绿肥生长，更不能在苹果园留种。

适宜区域　适宜云南苹果产区均适宜。

（四）缓坡地建园生草免耕肥水一体化栽培技术模式

技术模式概述　以山东省为例，渤海湾地区和泰沂山区是山东省苹果的两大主产区，这些地区山岭地较多，山岭地果园具有土壤瘠薄、有机质含量低、灌溉困难、水土易流失等缺点，传统上一般采取修筑梯田的办法克服上述缺点。梯田建园模式在一定时期发挥了巨大的作用，但是这种建园模式在建园期间要花费大量的人力、物力，且管理费工、费时、不便于机械化操作，这与世界苹果产业机械化、集约化的发展趋势相违背，不利于山岭地苹果产业的持续性发展。针对上述问题，总结提出了坡地建园生草免耕肥水一体化栽培技术，该技术克服了梯田建园模式的不足，具有节省人力物力、提高土壤有机质含量、易于开展机械化操作、减少水土流失和涵养水源等优点。

增产增效情况　与梯田建园相比，节约土地25%左右，减少果园管理用工1/2以上，每年可提高土壤有机质0.08%~0.10%，使苹果提前着色2~3天，产量提高20%，可溶性固形物含量提高1%以上。

技术要点　肥水一体化技术：滴灌系统主要由机井、泵房、施肥系统、过滤系统、量水装置、主管道、支管道、毛管和滴头组成。主管道可选择工程压力在1~2兆帕的PVC管材，支管道可选择工程压力在0.4兆帕、管径为63毫米的厚壁PE管，毛管选择管径18毫米的压力补偿式滴灌管，滴头流量以6~8升/小时为宜。毛管沿垂直等高线方向布置，每行树布置2条毛管，每棵果树布置4个滴头。行间生草技术：选用生长迅速、植株较矮小、主根分布较浅、须根多的苜蓿、三叶草或黑麦草等，在3—4月或8—9月进行播种，墒情好时采用撒播，墒情差时采用带水浅沟播种，并覆盖地膜。在生草的前2~3年，氮肥增加10%~15%，生草3年后，肥料的投入减少15%。生草后要定期刈割，控制草体生长高度不超过30厘米，留草高度为8~10厘米，刈割后，铺于树盘内作为绿肥，每年可收割4~6次。立支柱栽培技术：沿行向每隔20米立直径2.5寸钢管（高度4米），埋土深度50厘米，在每两根粗钢管中间，按照株距埋直径6分钢管（高度4米），埋土深度50厘米，分别在钢管离地1米、1.5米、2米、2.5米和3米处打孔，孔径大小以能自由穿过0.5毫米的钢绞线为宜，沿行向从孔径内穿过钢绞线。定植行向技术：按地形、坡度、坡向、坡形等自然特点，把园地划成立地条件相似的若干个区域，在与坡面等高线垂直的方向上确定行向。

注意事项 选择坡度小于20°的山区、丘陵地进行平坡建园；苗木应选择品种纯正、根系大而完整、枝干粗壮充实、芽眼饱满的3年生大苗；按地形、坡度、坡向、坡形等自然特点，把园地划成立地条件相似的若干个区域，在与坡面等高线垂直的方向上确定行向。

适宜区域 选择以壤土和砂壤土为宜，土层深度60厘米以上、土壤pH值在6.5~7.8、有机质含量在1.0%以上、背风向阳、通风良好、晚霜冻害轻、冰雹发生少、坡度小于20°的山陵地进行坡地建园。

（五）苹果宽行密植栽培技术模式

技术模式概述 矮砧宽行密株立支柱栽培是利用M9T337苹果矮化自根砧木+苹果新品种进行建园，采用高纺锤形树形整形。丰县是2013年秋季从山东莱西良种场引进，利用该砧木结果早、品质优，该模式适宜机械化作业等特点，广泛在丰县推广。

增产增效情况 该砧木在苗圃地就可以形成花芽，大苗建园时第二年形成产量，第三年亩产可达1 500千克，第四年进入盛果期。该模式采用水肥一体化技术，亩用工量减少50%左右。由于采用该树形，树体通风透光良好，果实品质提高。

技术要点

（1）利用M9T337自根砧嫁接苹果优新品种；优质大苗建园；宽行窄株"墙式"栽培模式；株行距在（1.5~2）米 ×（3.5~4）米之间。

（2）选用高起垄栽培　垄宽1.8米，垄高0.2~0.3米，垄上覆盖园艺地布，采用行间生草等技术。

（3）采用高纺锤型栽培技术　设立支柱固定，冠幅3米左右，树高3.5~4米，主干高0.8~0.9米；中央领导干上着生30~50个螺旋排列主枝，与中央干的夹角为110°~130°，枝干比为3~5∶1。

注意事项　高起垄栽培，立支架，前期刻芽，角度拉至大于110°，加强水利设施建设达到旱能灌、涝能排。

适宜区域　适宜全国苹果栽培区，尤其是黄河故道地区机械化栽培。

（六）苹果园“果＋草”栽培技术模式

技术模式概况　生草改变了果园土壤的有机质、矿质养分和水分等，进而影响树体生长发育和果实品质。这也是果园生草推广的最终目标之一。大量实践表明，果园生草能促进新枝生长，提高叶片的光合速率、果树产量及改善果实品质等。果园生草改变了生物群落结构，丰富了生物多样性，形成了一个相对稳定的复合系统，为天敌的繁衍、栖息提供场所，增加了天敌种类和数量，从而减少了虫害的发生，达到生物防治的效果。

增产增效情况

（1）增加果园土壤有机质，提高养分可给性　果园长期生草增加0~10厘米深的土壤形成腐殖质层，在不补施有机肥情况下，经过多年生草，土壤中有机质含量可保持在1.0%以上，土壤中其他可利用养分（N、P、K、Fe、Ca、Zn、B等）含量可超过清耕园12%以上。

（2）促进果园土壤团粒结构形成，提高保水、保肥、保土能力　果园长期生草能疏松行间土壤，促进水稳性团粒结构形成，使土壤通气透水性提高；有利于蚯蚓等生物繁殖，改善果树根系生长环境；保持土壤结构稳定，减少园区水土流失。

（3）降低管理成本，提高种植效益　果园人工生草后，可有效减少园区锄草工作量，同时，由于果园土壤保水保肥能力提高，施肥灌水次数明显减少，特别对于浅丘季节性旱区果园来说，人工生草能有效减少旱季灌溉次数，提高产量品质。另外，生草果园为害虫天敌提供了生存与繁育场所，促进了天敌繁殖，有利于病虫害生物防治，减少农药使用量，保证果品安全生产。

（4）提高园区观赏性，促进休闲观光农业发展　人工生草的果园，草长势均一、四季绿色，再配合果树花期迷人的花型花色，或成熟期硕果累累的景象，能营造出一幅美丽动人的田园风光，可显著促进各种“赏花节”“采果节”等形式的休闲观光农业发展，拓展增收致富途径。

技术要点

1. 生草种类的确定

基本要求：矮秆或匍匐生，适应性强，耐阴耐践踏，耗水量少，需肥量小，与果树无共同病虫害，能引诱天敌，能安全越冬。选择方法：肥水条件较好的平坝果园，宜选择年生长量相对较小、较耐湿的黑麦草、白三叶草等；肥水条件较差的浅丘季节性旱区果园，宜选择根系粗壮发达、抗旱与固土培肥能力较强的菊苣、紫花苜蓿、毛叶苕子等。

2. 播种时间

最佳播种时间为春、秋两季。春播为 3 月底至 5 月中旬，秋播为 8 月中旬至 9 月中旬。我省内苹果果园春播时期常值早春干旱季节，播种时宜注意保湿与遮荫；而秋播时期正值雨季，出苗快，同时可避开果园野生杂草的影响。因此，以秋播效果最好。

3. 整地

将果园行间土壤深翻 25~30 厘米，再将土壤整平整细，使土壤颗粒细匀，孔隙度适宜。

4. 播种方法

（1）播种量　黑麦草等禾本科草种以每亩 1.5~2.0 千克为宜，白三叶等豆科类草种以每亩 0.5~0.75 千克为宜，混播草种以每亩 1.0~1.5 千克为宜。

（2）播种方式　可采用条播或撒播方式。条播时行距以 15~30 厘米为宜，播带宽 3 厘米。撒播时，最好先按细沙：种子 =1∶1 混匀后再进行播撒，然后轻耙覆土镇压。

（3）播种深度　以 0.5~1.5 厘米为宜。既要保证种子接触到潮湿土壤，又要保证子叶能破土出苗。沙质土壤宜深，黏土宜浅；春季宜深，秋季宜浅。浅丘季节性旱区果园可采取深开沟、浅覆土的办法进行播种。

5. 播种后的管理

（1）除草　播种当年应除草 1~2 次。杂草少的地块用人工拔除，杂草多的地块可选用化学除草剂。播后到苗前可选用都尔、乙草胺（禾耐斯）、普施特等除草剂；苗后可选用豆施乐或精禾草克等除草剂。

（2）灌水　每年第 1 次刈割后视土壤墒情灌水 1 次。早春过于干旱年份也应灌水 1 次。

（3）刈割　生草最初几个月，不要刈割，生草当年最多刈割 1~2 次，以后每年刈割 2~4 次。刈割后留苗高度一般以 5~10 厘米为宜，刈割下的草收集、覆盖于树盘上，用于保湿，但必须留出根颈部，以防害虫（天牛等）为害。

（4）更新　生草4~5年后，牧草会逐渐老化，此时需将果园行间土壤翻压20~30厘米，使地空闲1~2年后，重新播种。

注意事项

一是在草种选择时，幼龄果园因为空闲面积大，可选产草量较大的草种，而成龄果园树冠较大，行间相对较荫蔽，应选择耐阴草种。二是在果园生草前期，牧草与果树间容易产生区域性肥水竞争，因此，在生草后1~2年，应注意对果树增施肥水，一般年施肥量比清耕园增加10%左右；但生草2年后，土壤有机质含量增加、保水保肥能力提高，施肥灌水次数可比清耕园减少40%以上。三是生草果园一定要根据草种生长特性进行适时刈割，以防植株生长过高，影响果树生长。刈割后的草可直接进行树盘覆盖，也可结合施肥在果树滴水线附近开沟深埋，改善土壤通透性，增加有机质。

适宜区域　在四川，适宜在川西高原的凉山、甘孜、阿坝州等区域发展。

（七）苹果矮砧支架密植技术模式

强化幼龄果园的肥水管理，培养健壮树体，为高产稳产打下基础。树形适宜采用细长纺锤形；种植密度株行距（1~1.5）米 ×4米，亩栽111~166株；生长期及时拉枝、开张角度。该模式需设立苹果支架，架材可选用热镀锌钢管或水泥桩作为立柱，分别在地面以上1米、2米、3米左右拉3套支撑线并固定于立柱上。

（八）苹果园旱作节水集约化栽培技术模式

技术模式概况　以甘肃省为例，果树技术人员在长期生产实践中，探索总结出的旱地苹果园起垄覆黑膜、覆草、覆沙节水栽培技术模式，能有效集蓄降雨、保墒抗旱、缓解需水、稳定地温、保护耕地层、防病虫抑制杂草、改良土壤等。该技术模式成熟度高、实用性强、应用面广，操作工序简单、使用成本较低、农民容易接受、便于推广应用。

增产增效情况　苹果园推广旱作节水集约化栽培技术模式，亩增产300~500千克，优质果率提高15%，亩增收1 500~2 000元。降雨量相对较少的果园、干旱年份增产效果愈加显著。每亩投入黑色地膜、麦草、用工等共550元。

技术要点　覆膜在秋末冬初或春季进行。覆膜时应选择黑色地膜，厚度要求0.008~0.012毫米，地膜的宽度是树冠最大枝展的70%~80%。地膜覆好后，在垄面两侧距离地膜边缘3厘米处沿行向开挖修整深、宽30厘米的集雨沟，要求沟底平直，便于雨水分布均匀。覆草在春季、麦收后和秋后均可覆草。用麦秆、玉米秆等作物秸秆，也可用当地的杂草覆盖，覆草厚度为10~15厘米。覆沙选择地势平坦、蓄水性好、土层深厚的地块。将洗净、大小均匀的河砂，均匀一致地全园铺压一层，铺砂厚度为6~8厘米，每亩需30~50立方米河沙，每亩投资3 000元左右。

注意事项 秋末冬初覆膜在果园秋施基肥后至土壤冻结前完成，要抓住浇水或降雨后及时覆膜；春季顶凌覆膜在土壤5厘米厚的表土解冻后立即进行。覆草前先整平地面土壤，有条件的地方等下雨后再覆草；覆草后将草用轻型碌碡或铁锨背压实；覆草果园要严防火灾，严禁园内吸烟、小孩玩火。覆草后要斑点压土，以防风刮。铺沙前先将土地深翻，施足底肥，然后将地表整平、镇压，创造一个表实下虚的土壤结构，同时，要严防土与砂混和，保证压砂效果；施肥时先将施肥处细砂扒开堆起，用扫帚将施肥区细砂清扫干净，然后再开沟施肥，施肥后将土耙平，拍实，再覆盖细沙；发现杂草时，不能拔除，需存基部割除杂草，避免沙土混合；秋季落叶后，及时清除沙面上的残枝落叶。

适宜区域 年降雨量300~600毫米的甘肃省陇东南黄土高原及中部黄河流域均适用。

二、柑　橘

（一）柑橘矮化密植集约栽培技术模式

技术模式概述　矮化密植栽培，亩株一般在70~100株。树体矮化，宽行窄株，株行距（1.5~2）米×（3.5~4）米。树高控制在2.5~3米之间。

增产增效情况　早期增效明显，正常在6年生树产量可达亩产1 500~2 000千克，比常规栽培模式增产1.5~2倍，生产成本降低200元/亩，优质果率提高10%，生产效益亩增加1 200元左右。

技术要点　扩穴改土，增施有机肥。矮化树形、科学修剪、合理负载、草生栽培、及时防治病虫害。

注意事项　栽植密度不宜过密，保持合理树冠，防止株间枝梢严重交叉，确保通风透光，以免造成平面结果。

适宜区域　我国大部分柑橘产区。

（二）柑橘常规栽培技术模式

技术模式概述　株行距（3~4）米×（3.5~4）米，亩植40~55株。

增产增效情况　丰产期，亩产2 000~3 000千克。

技术要点　开心形修剪，病虫草综防。按照大台面、大穴、大苗开园定植，表土回沟，施足基肥，封行后，注意回缩修剪，保持通风透光。

注意事项　注意防控病虫害。

适宜区域　我国大部分柑橘产区。

（三）柑橘园计划密植栽培技术模式

技术模式概述　有计划地合理密植，分“永久”树和“间伐树”，最大限度地增加前期产量，做到早结丰产高效益。当树冠开始郁闭时，按计划一次性或多次性将“间伐树”移植或间伐，最后留下“永久树”，使果园的栽植密度达到合理的要求。

增产增效情况　盛产期，每亩年增收700~1 000元。

技术要点 开不同品种栽植密度不同。柚子 120~180 株 / 亩，甜橙 120~180 株 / 亩，宽皮柑橘 150~220 株 / 亩。整形修剪矮干矮冠，树高控制在 2.5 米以下。

注意事项 栽植密度根据永久树的株行距而定，合理安排间伐树。

适宜区域 大部分柑橘产区。

（四）柑橘密植郁闭果园改造技术模式

技术模式概况 柑橘密植郁闭果园改造技术，是在柑橘密植郁闭园及柑橘树体还具备一定生产能力的前提下，通过一系列的农业技术措施，对果树、果园进行适度的改造或改良，以达到树形开张，立体结果，产量稳定，品质优良的目的的一种管理方式。

增产增效概况 通过改造果实品质显著提升，产量稳定，化学农药的使用次数平均下降了 2~3 次 / 年，年节约生产资料投入成本 80 元 / 亩，年亩平新增效益 420 元 / 亩。

技术要点

（1）改密度 对于行距小于 4 米，株距小于 2 米的果园进行密度改造。按照每亩 45~55 株的标准，因地制宜，采取隔行或者隔株进行间移，同时对较荫蔽果园进行大枝修剪以改善通风透光条件。

（2）改树体 对于树冠高度大于 2.5 米，树体结构紊乱或者行间枝条交接，光照不良的果园应进行树体改造，分年度将树冠由大冠改为小冠，以 1.5 米的高度进行露骨更新，分 2 年将高度降到 2.5 米左右。

（3）改品种 一是高接换种。对于品种落后，但树体生长健康的果园进行高接换种。二是推倒重建。对于对树龄在 30 年以上，品种落后、生产能力和品质严重下降的果园，用优良新品种重新栽植。

（4）改土壤 一是深翻改土。每 2~3 年进行一次深翻或抽槽，深度达到 40~50 厘米，宽度达到 60 厘米以上。二是施肥培土。重点抓好壮果促梢肥和还阳肥的施用，每亩施入腐熟的厩肥或作物秸秆 2 000 千克以上，同时配合施用其他肥料如钙镁磷肥 100~150 千克。三是开沟排水。果园每隔 2~3 行挖一条深、宽各 40 厘米的排水沟，防止园区渍水。四是生草栽培。行间种植三叶草、藿香蓟、黑麦草、百喜草、紫云英等绿肥品种，生长到 30~50 厘米时，结合深翻将绿肥压入土中，提高土壤有机质含量。

（5）改方法 即将传统方法管理的果园改为高品质栽培方法。一是减少化肥使用量。果园施肥以有机肥为主，辅以使用化学肥料，全年有机肥的使用量占总量的 80% 以上。二是禁止使用高毒、高残留化学农药。坚持以“空中挂灯、园中插板”等物理、生物方法防治为主，以化学防治为辅的病虫害综合防治措施。三是覆膜增糖。在果实膨大后即将着色时进行地面覆膜，促进果实着色，提高含糖量。

（6）改设施　一是灌水系统。一般按每亩果园需水 20 立方米来修建蓄水池的容量，排水沟、沉砂池尽可能与果园内外的蓄水池相通，以收集、储存自然降水。二是电力设施建设。生产用电按电力安全要求，电源到田，设施规范，便于机械作业。三是道路设施建设。以主干道和操作道建设为核心，丘陵和平地果园的操作道要保证耕作机械和小型运输车辆的正常通行；坡度大于 15° 的山地果园，建成台阶式操作道，台阶宽 1~1.5 米，用石块或水泥混凝土浆砌而成。在规划建设田间作业道的同时，根据安装简易山地软索牵引车的需要，将田间作业道设计成中间台阶式（40 厘米），两边缓坡式。

注意事项

（1）适宜改造的应是树势较为健壮的果园，对于品种落后、生产能力和品质严重下降的果园，应重新建园。

（2）果园改造应根据果园的具体情况，采用一种或多种改造方法进行。

适宜区域　湖北省柑橘种植区域。

（五）江苏柑橘抗寒栽培技术模式

技术模式概述　江苏省橘区处于全国柑橘生产的北缘地区，经常受到周期性冻害。长期以来劳动人民选择太湖周围比较好的小气候，种植柑橘，栽培历史悠久。但仍受冻害的威胁，因此除选择有利地形外，必须采取一系列抗寒栽培措施，以增强柑橘的耐寒性，减轻冻害，提高产量。

主要抗寒措施有：选择抗寒品种；大苗定植；合理密植；整形修剪；适时施肥，采果后施肥最为重要，除恢复树势，增强抗寒性外，还有缩小大小年幅度的作用；保护早秋梢；及时防寒。

增产增效情况　长江流域柑橘栽培冻害发生概率在 20%~30%，柑橘抗寒栽培模式能有效降低冻害发生几率在 10% 以内，因此能增产 10%~20%，增收 20%~30%。

技术要点

（1）冻前灌水　冻前灌水可以增强土壤含水量，提高土壤温度。在冻后天气转晴、气温骤增、土壤水分蒸发和叶片蒸腾量加大时，可以缓和或减少柑橘生理失水，以减轻冻害。灌水时期应在冻前 10 天左右，灌水量依树龄大小而定，以灌透为原则。

（2）根际培土　培土以加厚土层，增高土壤温度，保持土壤水分，改善土壤环境，保护柑橘根颈、根系安全越冬。

（3）主干涂白、束草　涂白在本省橘区广泛用于成年橘树的防寒，利用白色反光，橘树枝干在白天不致吸热过多，可缩小昼夜温差，防止树干皮层受冻开裂，减轻橘树冻害。江苏省橘农多于11月间选明朗天气，用白涂剂对橘树主干和骨干枝进行涂白，涂刷务必周到；涂刷两次，则防寒效果更好。

（4）树冠覆盖　树冠覆盖既可减少因平流降温引起的寒潮危害，又可减轻因辐射降温造成的霜冻危害：一是草帘围裹树冠，用草帘将幼树树冠围裹，一般可使树冠所处环境的气温提高1~2℃。二是草帘三脚棚覆盖，在每株橘树上方搭一个三脚棚，东、西、北三面用草帘覆盖，并在草帘基脚压以少量泥土，向阳一面不围草帘，以便透光。搭棚前，要彻底防治螨类，并浇水抗旱。次春天气转暖后，及时拆棚去覆。多用于柑橘幼树防寒。

（5）熏烟　熏烟在吴县洞庭东山橘区应用久远，目前宜兴一带仍有应用，多用于成年橘树的防寒。采用熏烟造雾，可以延缓辐射散热，减轻霜冻危害，其增温效果一般为2~3℃。

（6）喷布抑蒸保温剂　苏州市上方山果园和无锡市柑橘研究所曾应用于橘园防寒效果良好。

（7）洞庭东、西山橘农，冬季对成年橘树常用草绳将大枝拉拢捆紧，使绿叶层密接在一起，既能防止大雪压断枝梢，又可减轻枝叶辐射散热，可提高局部气温1~2℃，有一定防冻效果。

（8）近年苏州、无锡等地冬季采用地膜覆盖进行柑橘防寒。地膜覆盖在不同天气下，其增温效应各异以晴天增温效应最好，其次为多云，阴天、雨雪天为最次。即使在雨雪天气，地膜覆盖的土壤温度平均还比对照高1~1.3℃。

（9）营造防护林　橘园防扩林可以降低风速，减少土壤水分蒸发和树体的蒸腾作用，提高大气湿度和土壤水分含量；减少树体热量散失，缓和树体温度下降，调节气温，改善橘园生态环境，减轻柑橘冻害。

注意事项

（1）柑橘栽培北缘地区应年年立足抗寒栽培，不能心存侥幸。

（2）防扩林由主林带与副林带（又称折风线）组成。实践证明，橘园防扩林的林带网络不宜过大，一般是主林带间距150米左右，副林带间距70~100米。橘园防扩林树种应以常绿阔叶树为主，江苏省常用珊瑚树、女员、樟树等。珊瑚树生长迅速，树冠枝叶上下分布均匀，林带结构稀疏，防风效果较好，在本省橘区应用较广。

适宜区域　长江中下游柑橘产业带。

（六）柑橘隔年交替结果技术模式

技术模式概况　利用柑橘结果大小年的自然属性，通过人为修剪控制，使之休闲年休闲，结果年多结果，产量和品质都有所提升，实现经济效益最大化。

增产增效概况　应用果园亩平产量达到 3 673.6 千克，优质果率较普通果园提高 25%，成熟期提前了 10~15 d，销售价格提高了 20% 左右，亩平增收 500 元。

技术要点

1. 修剪管理技术

生产园：

（1）春疏　以柑橘的自然生长为主，不动大枝，不动末级梢，不短截，仅对少量丛生性枝梢进行适量疏剪，时间为花蕾绽放以前。

（2）夏控　以控夏梢为主，结果年夏梢抽生量相对较少，结果年原则上不留夏梢，见夏梢就抹杀。

（3）秋拉　结果年载果量较大，容易造成枝果挤压重叠，6 月底 7 月初进行“立柱固枝”，疏除畸形果、日灼果。

（4）冬剪　冬季实行重度修剪，采果后随即实施。一是对树体过高的树将树冠回缩到 2.5 米左右；二是采取拿大枝的方法调优二、三级枝组的分布结构；三将过于下垂、个别突出的枝组进行短截回缩。

休养园：

（1）春放　春季以最大限度地促进抽生有效的春梢为主，对已实施交替结果技术橘园内的树，采用回缩，结合短剪。对初次实施的橘园，对橘树末级梢进行短剪，短剪量为原梢的 1/2~2/3，同时对扰乱树形的大枝进行适量回缩，疏除当年的花。

（2）夏控　以控夏梢为主，抹除早、晚夏梢，短截生长过长夏梢，疏除对树形不利的夏梢。

（3）秋促　用短剪的方法，促进抽生整齐的晚夏、早秋梢，抹除过晚抽生秋梢，修剪时间为 6 月下旬至 7 月 5 日。

（4）冬闲　冬季不修剪。

2. 土壤管理技术

（1）生产园以还阳肥（基肥）为主，看树补肥为辅　还阳肥于上年 11 月

20日前完成，沿树冠滴水线内20厘米，抽通槽，规格40厘米 ×40厘米。花期、壮果期实行看树补肥，无缺肥征兆不补，有缺肥征兆以速效测土配方柑橘专用肥为主，据情况一次或多次。

（2）休养园以冬肥（基肥）为主，看树补肥为辅　冬肥于本年11月20日前完成，深翻田园。重施春肥、夏肥，以速效测土配方柑橘专用肥为主，春季萌芽前（2月底3月初）、夏季于6月25日前施入。

（3）橘园松土　生产园与休闲园一样，全年只进行一次全园深中耕松土，于12月31日前完成，人工作业，深度不小于20厘米，不破垡。

3. 病虫防治技术

隔年交替结果栽培模式的橘园病虫发生和为害程度明显小于普通栽培模式的橘园，无论是结果树、休养树，均执行预防为主、针对性防治为辅的病虫防控原则。

（1）冬季清园消毒　无论是生产园、休闲园，均于上年12月31日前全园喷施1.5波美度石硫合剂一次，尽可能地不漏枝、不漏叶。同时与上年12月31日进行树干涂白。

（2）梢前喷药防病　无论是结果树、休养树，均与春梢、秋梢萌发0.5厘米时全园喷施杀菌剂各1次，如基数低，各1次即可，如基数高，间隔7~10天，各加喷1次。

（3）针对防虫　主要防治对象有红知蛛、粉虱、蚧壳虫、锈壁虱、吸果夜蛾等。推行生物、物理防治为主，对突发害虫采用化学挑治，普遍防治方法所用化学药剂必须是无公害食品所规定的药剂，严禁使用高毒高残药剂。

4. 水分管理技术

绝大多数年份，自然降水即可解决橘树生长对水分的需求，若遇特殊干旱年份，则需人工补水，生产园与休闲园一样。对水分的控制结果树与休闲树则有别，休闲树可不人为控水。结果树于8月采果前则要人为控制水分，方法主要为地面覆膜。在果实采收完毕后，要及时除膜，遇干旱适量灌溉，以恢复树势。

注意事项　柑橘隔年交替结果技术要求高，大规模应用前，需进一步拓宽试验范围，以进一步完善配套技术，以适应不同的柑橘产区。

适宜区域　所有柑橘产区。

（七）柑橘园聚土起垄栽培技术模式

技术模式概况　该技术是四川省近年研究集成的新技术，是四川省柑橘高效建园与农机农艺融合的一项重大技术措施，已制订和颁布四川省地方标准，已在省内示范推广。

增产增效情况 植株生长参数和成园期比常规技术提早2年以上；幼树2年普遍结果，第5年进入丰产期，比常规技术提早2~3年；果实糖度提高0.5°~1.5°；有效减少病虫危害；节省劳力和田间管理成本。

技术要点

①定植株行距为宽行窄株模式，一般甜橙类采用株行距3米×5米，宽皮柑橘类适当加密，柚类加大株行距。②机械聚土起垄，取代开沟厢植或平地穴栽，土垄基部3米左右、上部2.5~3米，垄高0.4~0.6米，定植前开挖定植穴，混入有机质和复合肥料，1垄定植1行苗木，行间平地宽2米以上，整理成一定比降便于排水和机械作业以及间作。对于土层较浅的园区，采用挖壕沟起垄法，壕沟规格为深0.4~0.6米、下宽0.8米、上宽1~1.2米，回填有机肥料，再用挖掘机械挖起行间土壤聚土起垄。③定植容器壮苗。④苗木定植半年后，采用LS地布覆盖土垄保水、免耕防草。⑤园内铺设肥水药一体化管网，营养诊断，配方供肥。⑥简易机械枪注射浓缩液肥。⑦树冠快速成形结果，3年内免剪，5年内免剪或简易修剪。

注意事项 根据土壤肥力、pH值和叶片分析酌情施肥；注意果园道路、排灌系统、定植行向互相协调。

适宜区域 四川柑橘产区坝地、田地和缓坡地建园。

三、葡　萄

（一）葡萄露地篱架栽培技术模式——以巨峰为例

技术模式概况　水平龙干形（又称"厂"字形）+V 形叶幕。适宜品种有：巨峰系品种以及酿酒葡萄品种。红地球、美人指等适宜长梢修剪的品种不适宜采用此架形。栽植密度一般为行距 1.5~2 米，株距 0.75~1.2 米。结构：主干下部沿行向具有向前和向行内旁侧两个倾斜度，利于下架埋土，主干垂直高度 80~100 厘米，主蔓顺行向方向水平延伸；新梢与主蔓垂直，在主蔓两侧绑缚倾斜呈 V 形叶幕，新梢间距 15~20 厘米，新梢长度 150 厘米左右；新梢留量每亩 3 000 左右，每新梢 20~30 片叶片。

增产增效情况　相比传统的篱架（直立或半直产主蔓）栽培，其新梢长势更为均衡，可在一定程度上降低葡萄树的生长势。更为有利的是，这种架式可实现枝叶和果穗的分离管理，可获得较高的果实品质。而且，夏季新梢管理时，很容易分清结果枝和预备枝，管理操作比较简单。

技术要点　定植当年幼树萌芽后选留一个生长健壮的新梢，让其垂直向上生长，当高度超过 150 厘米或到 8 月中旬即截顶，促进新梢的成熟，冬季修剪时一年生枝保留 150 厘米进行剪截。第二年春季萌芽前按同一方向将一年生枝按要求平行绑缚于第一道镀锌钢丝，选留适量新梢沿"V"形架面向上生长；冬季修剪时，将单臂顶端的一年生枝按中长梢修剪（长度不宜超过下一个植株），其余按一定距离进行短梢或中梢修剪，若为中梢修剪应在临近部位留 2~3 芽的预备枝。第三年春季萌芽后，选留一定量的新梢沿架"V"形面绑缚；冬季修剪时按预定枝组数量进行修剪，即单臂上形成 4~5 个结果枝组，每个结果枝组上选留 2~3 个结果母枝进行短梢修剪，其余按 4~6 芽修剪。

注意事项　对新梢的处理，从始至终要分清当前的树势状况。不同的树势，其新梢的处理方法不完全相同。旺盛的树势，可利用前面的新梢多结果（以果压树，不必每新梢 1 穗果，可多留几穗）、对全树的新梢采取晚抹芽定梢以分散营养、对预备枝进行提前摘心并将新梢倾斜绑缚、预备枝根据不同品种可留果或不留果穗（花芽分化不良的品种则不能留果）、主蔓环剥处理等。而对树势中庸的葡萄树，采用正常的花前摘心处理，适期抹芽定梢，将新梢直立绑缚即可。对于弱树来讲，只要适当减少新梢量，少留果穗，适当补充肥水

（基肥和复合肥为主，不可单施氮肥），树势会很快得到加强。

适宜区域　我国大部分地区适宜。

（二）葡萄露地小棚架栽培技术模式——以红地球为例

技术模式概况　棚架就是在垂直的立柱上加设横梁，在横梁上拉铁丝，形成一个水平或倾斜状的棚面，使葡萄枝蔓分布在棚面上。小棚架架面较短一般在 4~6 米。适宜的栽植密度为：行距 4~6 米，株距 1~2 米；适宜的品种有红地球、美人指、金手指、火焰无核、意大利、克瑞森无核、红宝石无核等。小棚架不仅适宜长梢修剪的品种同样适宜短梢修剪的品种如巨峰等，容易日烧的品种更宜采用此架形。

增产增效情况　这一架式通风透光好，病害少，便于管理，果品质量高。

技术要点　定植当年的幼树在冬剪时选留 1~3 个健壮成熟新梢，从距地面 0.8~1.5 米处（剪口直径在 1~1.2 厘米）剪截，作为主蔓进行培养。到了第二年，生长选留的新梢引缚向上生长，其余新梢全部抹除，上部的副梢留 2~4 片叶摘心，所有的二次副梢留 1~3 片叶摘心。当主梢长达 2~2.5 米，顶端生长变慢时进行主梢摘心，以促进枝条充分成熟。冬剪时，对延长梢尽量长留，一般可剪留 2~2.5 米，但剪口不应小于 1~1.2 厘米。到了第三年，上年剪留的长枝，本身又是结果母枝，所以第三年可以挂果。冬剪时，除顶端的延长枝继续在棚面延伸外，其余一年生侧枝均留 1~2 芽短梢修剪。以后逐年与第三年的整形方法相同，待枝蔓覆盖全部架面时，架形成型，一般需 4~5 年。

适宜区域　辽宁、新疆、河北等地应用较多。

（三）设施葡萄促早栽培技术模式

技术模式概况　设施葡萄促早栽培是指利用塑料薄膜等透明覆盖材料的增温效果，草苫、保温被等保温覆盖材料的保温效果，辅以温湿度控制，创造葡萄生长发育的适宜条件，使其比露地栽培提早萌芽、生长、发育，提早浆果成熟，实现淡季供应，提高葡萄栽培效益的一种栽培技术模式。根据催芽开始期和所采用设施的不同，通常将促早栽培分为冬促早栽培、春促早栽培和利用二次结果特性的秋促早栽培 3 种栽培模式。

增产增效情况　以河北昌黎地区玫瑰香品种为例，促早栽培比露地栽培果实每千克可增收 20 元以上，成本回收快，增收效果显著。

技术要点

（1）设施选择与建造　我国设施葡萄促早栽培常用的栽培设施主要有日光温室和塑料大棚。温室建造方位以东西延长、坐北朝南，南偏东或南偏西为宜，且不宜与冬季盛行风向垂直。

（2）保温设计　墙体保温采用三层夹心饼式异质复合结构。内层为承重和蓄热放热层，中间为保温层，外层为承重层或保护层。保温覆盖的材料主要有塑料棚膜、草苫、保温被等材料。在寒冷地区还要开保温沟，或建造半地下室温室提高保温效果。

（3）配套设备　温室为了便于管理一般要配备卷帘机和卷膜器。卷帘机用于卷放草苫和保温被等保温覆盖材料的设施配套设备。卷膜器主要用于卷放棚膜等等透明覆盖材料以达到通风效果的设施配套设备。

（4）品种选择　设施葡萄促早栽培成功的关键因素之一就是选择适宜的品种，以选择品质佳、易成花、果实弱光易着色，早、中熟品种为宜。目前生产上使用较多品种有维多利亚、夏黑、无核早红（8611）等，河北农业科学院昌黎果树所新育成的春光、宝光、蜜光等“光系列”品种在促早栽培条件下表现优异，丰产稳产，发展迅速。

（5）合理整形修剪　应根据设施葡萄品种成花特性不同，采取不同的高光效省力化树形，生产常用树形有单层水平形、单层水平龙干形。采用的叶幕类型主要有“V”形叶幕、短小直立叶幕、水平叶幕等。修剪时多采用摘心或截顶，加强副梢管理、摘除老叶、扭稍等。

（6）高效肥水利用　促早栽培应减少土壤施肥量，强化叶面肥、冲施肥，重视微肥施用。葡萄需水有明显的阶段性，整个生长季有 6 次需水时期，分别是萌芽前至开花后、新梢生长和幼果膨大期、果实迅速膨大期、浆果转色至成熟期、更新修建或采摘后、越冬水。

（7）休眠调控与扣棚升温　在葡萄促早栽培时，葡萄进入深休眠后，只有休眠解除满足品种的需冷量才能开始加温，否则过早加温会引起不萌芽，或萌芽延迟不整齐，而且新梢生长不一致，花序退化，产量和品质下降等问题。因此，在促早栽培时常采用一些措施使葡萄休眠提前解除，如三段式温度管理人工集中预冷技术、利用破眠剂破眠等，以遍提早扣棚升温进行促早生产。

（8）环境调控　主要通过调控光照、温度、湿度、二氧化碳等因素，创造适宜设施葡萄生产的环境条件。

（9）花果管理　促早栽培时，通过摘心、喷布氨基酸硼和氨基酸锌等叶面肥、疏果、整穗等技术对葡萄座果率进行调控；通过疏粒、套袋、摘叶与疏梢、合理使用植物生长调节剂、挂铺反光膜、扭梢、喷施氨基酸系列叶面肥、合理负载等技术调控果实品质。

（10）更新修剪　对于设施内新梢不能形成良好花芽的品种需要采取恰当的更新修剪方法方能实现设施葡萄促早栽培的连年丰产。主要采用的更新修剪方式方法有短截更新、平茬更新和压蔓更新超长梢修剪等方式。

注意事项

（1）选择适宜葡萄品种，除果实品质优异外，还应具有易成花、弱光着色好、二次结果能力强的品种，同时要调研市场需求，选择消费者喜爱的品种或具有市场潜力的新品种。

（2）与露地葡萄相比，设施葡萄具有土壤温度低，根系吸收能下降，导致根系对氮、磷、钾、钙、镁、铁、锰等元素吸收速率变慢；叶片大而薄、质量差、光呼吸作用强、光合作用弱、气孔密度低；空气湿度高，蒸腾作用弱，导致植株体内矿质元素的运输速率变慢，容易出现缺素症等生理病害。在促早栽培时应高度重视肥水管理，注重叶面肥、冲施肥的施用。

（3）利用化学破眠剂解除休眠时应注意使用的时期。如一年两季生产时，促使冬芽当年萌发，需于花芽分化完成后至达到深度自然休眠前结合剪梢、去叶等措施使用。还要注意使用的效果。破眠剂解除葡萄芽休眠，新梢的延长生长取决于处理时植株所处的生理阶段，处理时期不能过早，过早葡萄芽萌发后新梢延长生长会受限。使用石灰氮或单氰胺破眠处理时，应选择晴好天气进行，气温以10~20℃最佳，气温低于5℃时应取消处理。

（4）葡萄是喜光植物，光照分布不均匀，光质差、紫外线含量低是葡萄设施栽培存在的关键问题，应注意从设施本身考虑，提高透光率；从环境调控角度考虑，延长光照时间，增加光照度，改善光质；从栽培技术角度考虑，改善光照，采用高光效树形和叶幕，提高叶片质量。

适宜区域　该栽培技术模式适用于我国广大葡萄产区。

（四）天津采用盐碱地密植高产栽培技术模式

技术模式概述　采用篱架栽培方式，架高2米，支柱为水泥柱，柱上拉4道铅丝。南北方向挖定植沟，沟深80厘米，行距2米，株距60厘米。

增产增效情况　通过调查，近3年七里海镇种植户葡萄地平均亩产1 550千克左右，按每千克3.8元计算，每亩收益5 890元。

技术要点　首先整形修剪，5—8月一般要修剪4次，抹芽、摘心、去副稍、留花序等措施，目的是调节生长和结果矛盾，控制顶端优势，减少无效消耗，改善通风透光环境，促进果实发育和花芽分化。二是平衡施肥，重施有机肥，及时追肥及喷叶面肥，每亩底施有机肥 3 000 千克和 50 千克硫酸钾，在葡萄萌芽前、开花期前 10 d、浆果膨大期各追施尿素 15 千克，花期喷硼砂溶液，着色期喷磷酸二氢钾，每隔 7 d 喷 1 次。三是及时防治病虫害，玫瑰香抗病能力较差，栽培中要高度重视病虫害的预防，以防为主，综合防治，及早进行各种病虫害和生理性病害的防治。

适宜区域 盐碱地黏土质，pH 值 8 左右，全盐含量 1.5‰的地块适宜该技术种植。

（五）葡萄设施保护栽培技术模式

技术要点

插苗定植。选用一年生健壮扦插苗，一般篱架整形，株距 1 米，行距 1.5 米，亩定植 500 株左右。

定植后的管理。苗木定植成活后，及时选留主蔓。大棚葡萄一般采用独龙干整枝法，即定植苗萌芽后只留 1 个主蔓，或“V”形架整枝法。定蔓的原则是留下不留上，留强不留弱，对多余的芽全部抹除。当主蔓新梢长到 80 厘米时进行第一次摘心，以后每长 30 厘米摘一次心，副梢留 1~2 片叶摘心。并及时立杆绑蔓，一般 30~40 厘米绑一次，摘除卷须。

整形修剪。第一年冬剪从 80 厘米处定干。其上萌发 5~7 根结果枝，除最下边的一梢不留果穗作为预备枝外，其余每梢留一个果穗。弱梢不留果穗，同时掐去副穗和穗尖 1/5~1/3。重点搞好夏剪，及时抹芽、除卷须、定枝、引缚。结果枝花穗上部留 7~8 片叶摘心，抹除下部副梢。摘心后的延长枝每长 6~7 片叶摘一次，副梢留 1~2 片叶摘心，花期前在不影响温度的前提下放风，在初花期喷 0.3% 硼砂液。

果穗整理疏花序。疏花序一般在开花前 10 天左右进行。一个结果枝上着生双穗时，应去弱留强，使花序健壮生长，保证开花坐果。掐穗尖、除副穗。操作时将花序的副穗除去，将尖端剪去 1/5 或 1/4，壮穗、大穗多掐，弱穗、小穗少掐或不掐。根据不同品种特征每穗留 50~60 粒。然后疏除病果、小粒果和过密果，使穗型整齐。第二年冬剪从预备枝以上留 1 厘米短截，预备枝按中长梢修剪，作为下年的结果母枝。第三年以此类推，结果枝每年更新，保持结果部位稳定。

扣棚升温。10 月下旬扣膜升温。12 月中旬，温度逐渐提高，夜间应加盖草帘。从发芽前到果实采收期温度控制在 5 个阶段：① 发芽前。白天温度 15~18℃，夜间 5~6℃；② 发芽至开花前。白天 18~20℃，夜间 6~7℃；

③ 花期温度稍高，白天 25~28℃，夜间 8~10℃；④ 落花至果实膨大期。白天 25~30℃，夜间 15~18℃；⑤ 果实着色至采收期。白天不高于 30℃，夜间 15℃左右。拉大昼夜温差，促进果实着色和糖分积累。

棚内湿度控制。棚内空气湿度，从覆膜至发芽，相对湿度应控制在 90% 左右，发芽至开花前控制在 60%~70%，花期至果实膨大期控制在 50%~60%，以后直至采收期以 50% 为宜。土壤湿度，自扣棚至采收应保持土壤相对持水量 60%~80%。不同物候期内，以萌芽和果实膨大期需水量较大，宜控制在 70%~80%。果实生长发育过程中尽量避免土壤含水量变化幅度过大，防止产生裂果。降低湿度的方法：放风换气；在土壤湿润的情况下，尽量控制灌水；增施有机肥，提高保水能力；地面覆盖地膜，减少水分蒸发；有条件时最好采用滴灌设施。

肥水管理

①每年采果后施足基肥，亩施 3 000~5 000 千克有机肥、复合肥 50 千克，并浇水。②每年在萌芽期第 1 次追肥（尿素 40 千克 / 亩）并浇水。③开花前第 2 次追肥（尿素 20 千克 / 亩）并浇水。④落花后第 3 次追肥（尿素 40 千克 / 亩）并浇水。⑤幼果期第 4 次追肥（硫酸钾 40 千克 / 亩，磷酸二铵 40 千克 / 亩）并浇水。⑥幼果二次膨大期第五次追肥浇水，采用叶片追肥 3~5 次，用 0.3% 磷酸二氢钾、硫酸钾或氨基酸钾，促进着色，提高品质，并追施二铵 40 千克 / 亩。

温度、湿度。在设施（温室、大棚）外围挖防寒沟。防寒沟宽 60 厘米、深 60~70 厘米，沟内填满干草、树叶、木板等保温物后盖土。棚膜上及时覆盖牛皮纸帘、草帘、棉被、毛毡等保温材料；温室北墙外拥土防寒。在设施地面覆盖稻草、新鲜马粪和地膜等防寒物；设施内设双层农膜（防寒帐）；增加火炉、暖气，减少覆盖物污染，适时透光，及时覆盖保温，设施内多层覆盖，可提高温度。温度过高时，可利用通风换气降低温度。

（六）葡萄避雨栽培技术模式

技术模式概述　南方雨水多，葡萄病害严重。为减少病害，通过钢架大棚或简易的生产棚，采用避雨种植生产模式。

增产增效情况　亩减少生产成本（主要用药和用工）约 800 元，病虫害减少，品质提高，亩增收 2 000 元以上。

技术要点

1. 棚形选择

可选钢架大棚与生产小棚两种形式。钢架大棚通常棚宽一般6米，棚高为3~3.5米，是避雨栽培的主要形式。小拱形生产棚可以用竹木搭建，也可利用轻型钢管预制拱形避雨棚框。

2. 品种选择

适合南方露地栽培的品种均可用于避雨栽培。

3. 加强栽培管理

注意事项 做到牢固、抗风。

适宜区域 大部分葡萄产区。

（七）葡萄“Y”形架标准化生产技术模式

技术模式概述 我国传统的葡萄栽培模式主要是棚架和篱架，生产中常采用自然扇形整形修剪方法，形成主蔓、侧蔓、母枝、结果新梢等多级结构，叶片与果穗分布在同一架面上，造成架面紊乱、通风透光不良、操作不便、费工等。而葡萄“Y”形架是针对传统栽培模式的一种改进，它综合了传统棚架和篱架的优点，具有管理简便、省工、丰产、便于机械化操作等优点。

增产增效 葡萄水平双母蔓“Y”形架栽培模式及配套技术为新型葡萄栽培模式。“勾状剪定”整形修剪手法与双母蔓“Y”形架的研究应用，更加有利于以后葡萄的标准化丰产稳产栽培，保持树体的健壮，充实“光合、结果、通风”三带的明显划分，配合“Y”形架结构和大行距，有效地改善了架面的通风透光条件，提高了果实品质，减少了病害的发生，利于无公害优质果品的生产。

技术要点 采用大小行间隔的方式建园，大行距2.8米，小行距0.2米，株距1米，苗木顺行向平行定植，每亩定植葡萄约500株。根据水平双母蔓“Y”形架栽培模式的特点设计新的“Y”形支架。沿葡萄定植沟的中心线，每隔5~6米立1根2.4米的水泥柱，地下埋0.6米，地上部分为1.8米，并在水泥柱距地面90厘米、125厘米、170厘米处分别固定一横梁，方向与行向垂直，长度分别为50厘米、70厘米、80厘米。

适宜区域 大部分葡萄栽培区域。

（八）新型葡萄防寒简化技术模式

技术模式概述 目前埋土防寒的方法是将整体植株一起埋到土里，用工多，机械化操作难度大，且由于地上部树体体积大、空隙大，取土、埋土以及撤土的工程浩大，因此许多寒冷地区埋土厚度不足，对根系保护不力，往往造成植株特别是根系部分冻害，因此，笔者在充分研究不同器官抗寒能力以及进行分类保护的实践检验基础上，提出了分类防寒的新思路，即葡萄冬季防寒的关键在于保证根系不遭受低温伤害。这为简化埋土防寒提供了理论依据。为了追求优质，原来适应下架埋土的葡萄树形“多主蔓自由扇形”已经被标准化的单主蔓树形所取代，葡萄下架的难度越来越大，传统的埋土方式越来越不能适应现代化葡萄产业的需要。大规模机械化生产也迫切需要新防寒技术的产生。

增产增效 虽然传统埋土防寒的越冬效果显著，但是操作过程繁琐，每年都要下架、埋土、出土、上架，因埋土防寒所耗费的资金占到整个葡萄园全年生产成本的1/4~1/3。葡萄上架、下架不仅麻烦，而且还会对树体特别是枝干造成机械伤害，进而诱发土传病害如根癌病、蔓割病等，导致树势衰弱，寿命缩短。

关键技术 在土壤封冻前开始进行根系防寒。用埋土防寒机械从行间取土覆盖到根系集中分布区，在树干两侧各培土宽50~80厘米，厚20~30厘米，形成一个根系保护层。覆土宽度根据当地冬季温度极值而定。对于冬季低温极值≥ –15 ℃的埋土防寒临界区，单侧覆土宽度≥ 50厘米、厚度20厘米即可，行距要求在2.5米左右；亦可以用淋膜覆盖地面来取代覆土。对于冬季绝对低温在 –20~–15℃且风大干旱的埋土防寒区，单侧覆土宽度 >50厘米，厚度 >20厘米，可结合枝干覆盖再生毡，既保护枝干，也能再提高地温；要求行间距2.5~3米。对于冬季绝低温在 –30~–20℃的埋土防寒区，单侧覆土宽度60~80厘米，厚度≥ 30厘米，要求行间距在3.5~4米；同时结合枝干覆盖淋膜，进一步增加土壤保温效果，整体保温保湿效果显著。

适宜区域 山东埋土防寒临界区，冬季低温在 –15℃左右。

（九）葡萄“高宽垂”栽培技术模式

技术模式概况 在单篱架支柱的顶部加横梁，呈“T”形。在直立的支柱上拉1~2道铁丝，在横梁上两端各拉一道铁丝。横梁宽80~100厘米。该种架式适合于生长势强的品种，主要整形的方式为，单干双臂。两个臂距离地面为80~120厘米，分别引缚在两条延伸的铁丝上，上面的短结果枝生长出的新梢，分别引缚在横梁两端延伸的铁丝上，随枝条的生长自然下垂。

增产增效情况 “高、宽、垂”栽培架式，是一种优良的栽培方法，该种架式可以在我国黄河古道地区及其以南的地区利用。利用“高宽垂”架式，可以实现早果丰产的目的，目前在河南省大部分地区应用，应用效果极好。该架式提高了葡萄的品质和丰产性能，亩产量达到 1 500 千克以上。显著降低葡萄园用工成本 20% 以上。

技术要点 沿葡萄定植行向，栽支柱，支柱的形状为“T”，在立柱上，距地面 80~120 厘米拉一道铁丝，然后在横梁的两端拉两道铁丝，葡萄植株的整形为单干双臂形，在双臂上生长的结果枝蔓分别引缚在两道铁丝上。

注意事项 对于植株生长势强的品种，如美人指、森田尼无核、可瑞森无核等，严格使用该模式。

适宜区域 河南省大部分地区。

（十）“单干双臂 V 型”栽培技术模式

技术模式概况 本栽培模式，在河南省应用范围广，单干双臂整形修剪具有通风、透光、病虫害少、产量稳定、品质优良、修剪容易、管理方便等特点。具体技术如下。

整形方法

①对于生长弱的苗，任其自然生长，冬剪时选一个较强壮的新梢，设支柱引缚其直立生长。②生长中庸和较强的苗木，于 4 月初定植，长到 30 厘米时，选一个较强壮的新梢，设支柱引缚其直立生长。③当新梢长到 60 厘米时，绑到第一道铁丝上并摘心，形成一个比较直立的粗壮“单杆”。④随着新梢的生长，在主干上选顶端的三个强壮新梢（副梢）将其中两个沿第一道铁丝向两边引缚（另一副梢在两臂未形成前，不要抹去留作预备）。当两个新梢长到 50 厘米时摘心，并立即绑到第一道铁丝上，形成“双臂”。⑤ 8—10 月当两臂的副梢长到 40 厘米时，绑到第二道铁丝上，使其自然生长。⑥冬剪时，将两臂上的副梢按 10~15 厘米距离行短梢修剪，留 2~3 个芽，完成单干双臂整形。

增产增效情况 主蔓（双臂）上的结果母枝均可采用短梢修剪，与扇形整形相比，技术操作简单，便于推广普及。不会出现结果部位迅速外移现象，如果按要求选留结果母枝，不会造成架面郁闭，通风透光条件好，光合效率高，稳产优质，浆果品质好。结果部位可以控制在同一个高度。有利于病虫害防治、机械化管理等。可适当提高结果部位，病虫害较轻，抗晚霜能力有所提高。操作简便化。减少用工 30%，减少农药使用 35%，增效 20% 以上。

技术要点

1. 长梢修剪方法

①仔细观察整株葡萄树，然后分别在两臂上选择两个比较健壮无病虫为害、长势中等的枝条（直径 7~15 毫米，长度应在 10~15 个芽）。②把选择好

的枝条分开，然后剪掉所有其余的枝条。③在两臂上选择两个位置合适，尽可能靠近的枝，剪留 12~15 个芽作为次年的结果母枝。④将其他两个枝条行短梢修剪（2~3 个芽）作为预备。

2. 短梢修剪

①查看一下上年的修剪反应及留芽量。②在两臂上每隔 10~15 厘米选 10~12 个枝条。③对新选枝条行短梢修剪。④剪去其他无用的枝条。⑤对以下特殊情况应注意：如果由于机械或人为损伤达不到短梢数的，或者位置不合适，那么应尽量选择一个适宜的长梢（50~60 厘米，尽可能靠近主干）。作为一个侧臂替换以前的臂，如果缺苗，可选择一个粗壮的枝条（尽可能在臂末端）拉平行长梢修剪，弥补所缺空间。

注意事项

①修剪时尽可能避免伤口。②所有的剪口要剪平、光滑。③对于两年以上的枝蔓，修剪时应留一定长度的桩（5 厘米），以防剪口风裂。④修剪时，应在芽上 2 厘米处行剪。⑤修剪时，应留基部靠近臂的枝条，以防结果部位上移，出现“光臂”现象。⑥枝更新时，长梢下部留一个短梢作为预备枝，当长梢第二年完成任务后，冬剪将结果母枝剪掉，将预备枝行长梢修剪，下部行短梢修剪。

适宜区域　河南省。

（十一）葡萄平棚架栽培技术模式

技术模式概况　葡萄行距 2.5~3 米。易成花、生长势中等的欧美杂种品种（如巨峰、夏黑等），行距以 2.5 米为主；不易成花、生长势较强的欧亚品种（如红地球、美人指等）行距以 3 米为丰。盛果期株距 1.5 米，高主干（>1.7 米）双向单层水平树形（或称“字形”）。随着树体扩展，双向单层的两个水平主蔓，依树势从 1.5 米延伸至 3.0 米或更长，即株距为 3.0 米或更大。但树体扩展对架型、树形基本结构九影响。

存距第 1 边柱 75 厘米处定植第 1 株树，以后按 1.5 米株距定值。春季萌芽后留个健壮新梢培养至 1.75 米处，丰梢摘心，南北向拉一道 16# 铁丝，将植株绑缚在细铁丝上，沿铁丝南北双向水平各培养一个健壮一次副梢做主蔓，待副梢长至 70~75 厘米时对一次副梢摘心，重点培养其上的二次副梢为未来的结果母枝。冬剪时二次副梢留 2~4 芽短剪，成为来年挂果的结果母枝和更新枝。欧亚品种，如美人指、红地球等二次副梢粗度 >0.8 厘米，结果母枝留长为 4~6 芽，绑缚到水平铁丝上即成。

增产增效情况

①节省人工30%以上；②提高了结果部位，减少农药喷施次数，较常规防治减少50%农药施用量；③通风效果好，增加光照时间，提高品质，一般提高可溶性固形物含量3%；④产量控制：一般亩产量l控制在1 750~2 000千克。

技术要点

①整形：按照单干双臂树形的整形方法，干高不低于1.6米；②水平棚架整形：单臂延伸，根据行距和株距大小，进行延伸臂的长度选择；③短梢修剪；④设施栽培条件下具有更好的效果。

注意事项　架材高；生长势过旺的品种不适宜本树形。

适宜区域　河南省。

（十二）葡萄高效避雨栽培技术模式

技术模式概况　葡萄高效避雨栽培是以防病和提品质为目的，将薄膜覆盖在树冠顶部棚架上的一种技术模式。在湖北长江流域等葡萄生产主要区域，因葡萄开花坐果、果实膨大等时期受梅雨季节影响，露地栽培病害较重、产量低、品质差。采用避雨栽培技术，可以有效减少病菌传播、降低农药使用次数、促进坐果、控制土壤水分、提高果实品质，是推进湖北葡萄产业提质增效的有效技术模式。

增产增效情况　年平均减少用药2~3次，亩平均产量1 500~2 000千克，销售价格比露地葡萄高1.5元/千克。

技术要点

1. 避雨栽培的架式

避雨栽培在双十字“V”形架和高宽垂架式上都可以使用。在最上面一道铁丝高0.3~0.5米处捆一道横梁，横梁长度根据行距决定，一般1.8~2.5米，沿横梁两端以及水泥柱3点用竹片作成一个小拱棚，竹片上盖塑料薄膜，再用压膜线固定紧。

2. 覆膜和揭膜时间

覆膜的时间多在萌芽前，也有在开花前覆膜的，但应注意防治好黑痘病，揭膜时间一般在果实采收后，中晚熟品种可在梅雨过后临时揭膜，在葡萄成熟前10~30天视降雨情况再盖膜。也有推迟到初冬时揭膜的，甚至为了省工，棚膜使用2年，但这两种情况易影响光合产物积累，在阴雨天气多时影响枝蔓成熟。

3. 肥水管理

根据葡萄的需肥时期，可分为基肥、催芽肥、膨果肥、着色肥、采果肥以及根外追肥。提倡以有机肥为主，化肥为辅，注重平衡施肥。葡萄园一般不需要灌水，但在新梢生长期、开花期和果实膨大期对水分较为敏感，连续 1 周以上干旱高温天气，土壤持水量低于 70% 时，要及时灌水。提倡园内滴灌，梅雨期要及时清沟排水，防止积水。

4. 花果管理

按照亩产 1 500~2 000 千克的产量进行疏花疏果、控制负载量和保持树势。葡萄幼果似大豆粒大小时，全园喷布一次杀菌剂（重点对果穗），根据品种特性，选用专用果实袋进行套袋。

5. 病虫害防治

预防为主，综合防治。重点做好霜霉病、灰霉病、黑痘病的防治。

注意事项　一般情况下病虫害避雨栽培比露地栽培要轻，但在通风不好的果园，葡萄穗轴褐枯病有加重的趋势。在避雨条件下，葡萄园中光照减弱，有可能导致枝叶徒长和花芽分化不好。覆膜期土壤含水量易较低，应根据品种需水特性，及时补充水分。

适宜区域　湖北省葡萄种植区域。

（十三）葡萄直立龙干型栽培技术模式

技术模式概况　最适宜于生长势比较强旺的品种采用。架面由立架和棚架构成，先期由立架结果，中后期延伸到棚架结果。修剪一般采用中长梢修剪。株行距为（0.7~1）米 ×（4~5）米；架面高 1.7~2.5 米。该模式的优点是：行距宽，架面高，利于通风透光，病菌感染少，幼果不易日烧，优果率相应高一些。但仍有不少缺点：一是成型慢，前期产量低；二是空中作业量大，梳（穗）果、套袋、打药、修剪麻烦；三是管理不善易形成枝组紊乱，疯长 . 秋梢成熟度差，御寒能力下降 . 四是高寒地区落架藏枝防寒困难。

增产增效情况　种植 3 年后挂果，随即产量逐年从 1 100 千克每年递增 12% 直至盛果期。平均株龄在 10 年的葡萄平均亩产在 1 700 千克，亩均收入在 6 000 元以上。

技术要点　采用 2 米 ×1 米的株行距，整形保持在 2 米内高度，葡萄单株控制在 15~20 个新鞘芽。平衡施肥，病虫害绿色防控、水分控制、雨季排水、清洁田园。

注意事项

①合理使用农药，注意安全；②不能盲目使用肥料，以免造成不必要的浪费；③有灌溉条件的地方适当减少浇水次数，尤其在雨季减少土壤湿度，减少病虫害发生率，避免土壤养分的冲刷浪费；④ 间套种高矮、早晚熟要搭配，减少盲目间套种给病虫害滋生创造条件。

适宜区域 云南大部分葡萄产区均适宜。

（十四）葡萄“V”字架型栽培技术模式

技术模式概况 主要应用于规模化酿酒葡萄生产，威代尔，赤霞珠等品种采用该模式。树形采用中短梢修剪，枝开角度一般为30°~35°，顶梁宽80~100厘米；株高1.5~2米，层间距70~80厘米；每株留结果母枝6~12个，枝间距15~20厘米。栽培株行距一般为（0.7~1）米 ×（2.5~3）米，亩植株数230~330个。结果部位统一在一二层之间。“V”字形架势最大优点是：一成形快、结果早，丰产潜力大；二枝梢高度、行间距较统一，利于管理；三果穗高度、方位较一致，利于疏果、套袋；四架面高度较低，叶幕量少，利于喷药；五落架方便，易埋土防寒。其缺点是：幼树结果易被日灼；结果部位较低，多雨季节易感病菌；树势生长旺盛，顶梢控制易形成大头现象。

增产增效情况 以维西县威代尔为例，3年进入结果期，5年进入熟龄，平均每结果枝果穗数1~2个，成熟时平均株产7.68千克，亩产量1 370千克，采收期为747千克。

技术要点 树形采用中短梢修剪，枝开角度一般为30°~35°，顶梁宽80~100厘米；株高1.5~2米，层间距70~80厘米；每株留结果母枝6~12个，枝间距15~20厘米。栽培株行距一般为（0.7~1）米 ×（2.5~3）米，亩植株数230~330个。

注意事项 幼树结果易被日灼；结果部位较低，多雨季节易感病菌；树势生长旺盛，顶梢控制易形成大头现象。

适宜区域 大部分酿酒葡萄产区均适宜。

四、梨

（一）梨矮化密植集约栽培技术模式

技术模式概述 采用矮化栽培模式，“主干形”或者“纺锤形”适宜采用的株行距为（2~3）米 ×（3~4）米，每亩栽植55~111株。

增产增效情况 比传统梨栽培模式早结果2~3年，提早就能收到效益，在盛果期产量控制在3 000~3 500千克，市场批发价高于老果园其他梨0.5元以上，可增加效益3 000~4 000元。

技术要点

1. 第一年整形技术

（1）夏季修剪 定植后于80~100厘米定干。萌芽前定位刻芽，促发分枝，萌芽后抹除距离地面40厘米以下的新梢。夏季，保持中心干直立生长，并对新梢进行拿枝软化，控制长势。秋季将中心干上长度大于80厘米的新梢拉成90°，不足80厘米的缓放。

（2）冬季修剪 选择生长位置居中的强壮枝作为中心干延长枝，剪留50~60厘米。在中心干60厘米以上选4个方位较好、角度适当、生长中庸的枝作为主枝，主枝延长枝不短截，疏除竞争枝、过粗的旺枝、直立枝，保持枝干比小于1/2，其余枝进行缓放。

2. 第二年整形技术

（1）夏季修剪 第二年以后仍然按第一年的方法继续培养主枝，控制竞争枝长势，对上年拉平的主枝上的背上枝，距离中心干20厘米内全部除去，20厘米以外的每隔25厘米扭梢一个，其余疏除。中心干上长出的新梢长25~30厘米时用牙签进行开角，疏除过密的。秋季将长度大于80厘米的枝一律拉平。

（2）冬季修剪 中心干延长枝留60厘米剪截，按照第一年的方法继续选留主枝，主枝延长枝不短截，疏除主枝上过长的分枝，保持单轴延伸。

3. 第三年整形技术

（1）夏季修剪 可对生长旺盛的骨干枝进行环剥或多道环割，其他措施与第二年相同。

（2）冬季修剪 保持树势平衡，防止上强下弱或下强上弱，在中心干上继续选留主枝，修剪方法同第二年。

4. 第四年及以后的整形技术

第四年以后按照前面的方法继续在中心干上培养主枝，当主枝已经选够时，就可以落头开心。以后中心干年年在弱枝处修剪，保持高度2.5~3米，回缩过长、过大的主枝及枝组，疏除竞争枝及内膛的徒长枝、密生枝、重叠枝，拉平直立强旺枝，更新下垂衰弱枝，维持树势稳定，保证通风透光，并注意更新复壮。通过矮化修剪，保持树高3米，冠径2~2.5米，树冠上小下大，呈纺锤状。中心干直立健壮，干高60~80厘米，主枝10~15个，开张角度70°~90°，从主干往上螺旋式排列，间隔20~30厘米，插空错落着生，均匀伸向四面八方，无明显层次，同方向主枝间距要求大于60厘米。主枝上不留侧枝，在其上直接着生结果枝组，单轴延伸。下部主枝长1~2米，往上依次递减，主枝粗度小于中心干粗度的1/2，中小结果枝组的粗度不超过大型枝组粗度的1/3。

注意事项　注意肥水及病虫害管理要按照绿色食品要求严格施行，盛果期注意控产蔬果保持梨的商品品质。

适宜区域　河北、津京地区、山东、河南、山东、山西等地区。

（二）梨传统乔化稀植栽培技术模式

技术模式概况　株行距一般为3米×4米，树形主要为疏散分层形、开心形。

增产增效情况　通过科学管理，可提升果品质量、提高亩产量、提高梨果外观质量等来达到增产增效的目的。

技术要点　栽植时要求大塘大肥大水，生产中合理整形修剪，及时防治病虫害，加强中耕管理，适时施肥浇水，严格疏花疏果，进行梨果套袋，扩穴深翻改土，清园等。

注意事项　栽植成苗时盖土不能超过嫁接口，生产中注意及时防治病虫害，病虫防治要控制在初发或未发阶段；加强土壤管理，注意扩穴深翻改土，增施有机肥，合理施用化肥；因树整形，合理修剪等。

适宜区域　所有梨产区。

（三）梨密植省力化栽培技术模式

技术模式概况　为当前我国梨产业发展的方向。采用宽行密植，以主干形或类似主干形为基础树形开展整形工作，着力培养强壮的中心干，促进幼树期间中心干上多发生分枝，增加生长点数量，分散树势，以控制枝展；随后进行开角工作，促进花芽的形成，以提早挂果，达到以花缓势、以果压势目的。此工作以生产中普通苗木建园，经2~3年的培养，控制冠幅在1.0~1.2米，株高3.2~3.5米，第3年挂果，适宜于标准化与机械化生产。

增产增效情况

①与常规生产园相比较，整形修剪技术套路更加简化，固定，且成形快速，易学易懂，以疏除和回缩为主，减少了大量修剪用工；②收缩了枝展，简化了枝组级次，提高了冠内光照强度，果实品质整体提高，且果实整齐性、一致性好，产量高，提高了果实商品性，同时，由于冠幅小，降低了诸如：打药、疏果、套袋、采摘等难度，提高了工效；③使标准化、机械化作业成为可能。

技术要点 选择适宜品种，采用0.8~1.0米的株距、3.5~4.5米的行距，立架栽培，其栽培要点在于：

①强壮中心干的培养；②幼树期间（栽后第2年）中心干上刻芽，促进分枝；③促进提早开花、结果，以花缓势、以果压势。

注意事项

①适宜品种的选择；②建立篱架网面；③强壮中心干的培养；④幼树期间的促分枝；⑤提早促花、早果。

适宜区域 土壤肥力良好、具灌溉和立架栽培条件的平原地区或浅山区的新建梨园。

（四）乔冠梨树转形改良及轻简化栽培技术模式

技术模式概况 该模式主要针对我省大面积存在的老梨区实施，主要内容包括大树改造（转形）、品种更新（改良）、轻简化修剪（轻简化）。

（1）大树改造 以广泛存在的多主枝疏散分层形为主要改造对象，以适宜乔冠大树的单层开心形为改造目标，通过一年或分两年逐步改造，控制树高在3.5米以下，枝展小于株距，全树保留3~5个主枝，分主干、主枝和大型枝组3级，主枝、大、中型枝组均采用单轴延伸生长模式，简化枝组级次，亩总枝量控制在5万条左右，保证了树冠内外的通风透光，有利于落实轻简化配套管理技术和果实品质的提升。

（2）品种更新（“一接双改”技术） 在乔冠大树改造的基础上，针对原有品种不能适应当前生产的现实，对原有品种进行高接换优，整体规范改造，达到品种与树形“双改双优”的双重目的。通过短接穗（1~2芽）、长接穗

（3~5 芽）、超长接穗（6~15 芽）在枝干不同部位高接后的营养和生殖生长优势（短接穗高接成活后的优点是养分集中，枝条发育粗壮，利于扩大树冠。但因发枝少且生长直立，不利于分生中短枝和花芽分化，难以在 1~2 年内形成有效的经济效益，一般高接在主枝和大型枝组的顶部，也可用单芽嵌接在枝干秃裸部位；超长接穗高接成活后由于养分供给相对分散，所以易分生中短枝，生长势中庸，有利于形成结果枝和小型结果枝组，高接当年即可结果，翌年就能获得有效的经济回报。但因新发枝条多且较弱，难以形成强壮的延长枝头，不利于树体的快速扩冠和整形，超长接穗主要接在主枝和大型枝组的中上部位；长接穗高接成活后的生长状况介于超长和短接穗之间，特点是高接当年分生的枝条，经过 1~2 年培养后容易形成中小型结果枝组，对提高前期产量极为有利，一般高接在主枝和大型枝组的中下部或枝干的秃裸带）集成相关管理技术，其树势、产量恢复快，见效明显。

（3）轻简化修剪技术　在降低树高和收缩枝展的基础上，减少枝干级次和主枝数量，保持枝干的单轴延伸性。冬剪以维护和更新小结果枝组为中心，以疏除和回缩为主要修剪手法，技术简单，套路相对固定。

增产增效情况

（1）大树改造　与传统的多主枝疏散分层形相比较，改造后的树体结构简单，通风透光好，有利于落实轻简化配套管理技术，到达老梨树提质增效目的，其改造后的产量在第 2 年即可恢复，第 3 年产量和品质远超越改造前。

（2）品种更新　通过“一接双改”技术的实施，达到品种与树形“双改双优”的双重经济目的，通过集成的短接穗、长接穗、超长接穗在不同部位高接的效应，其树势、产量恢复快，可在短期内见效，又不影响树体整形扩冠过程，最终达到早成树、早丰产目的。

（3）轻简化修剪　明确了乔冠大树轻简化修剪的 3 个要素：树冠低、枝幅小，减轻了剪枝工作强度；骨干枝级次简化与枝组量化配置，有利于技术难度的降低；修剪套路相对固定，可以大幅提高工作效率。

技术要点

①明确改造或高接树形（单层开心形）和树高范围（2~2.5 米）；②根据株行距的不同，选留角度适宜、高度在 2 米以下的主枝 3~5 个；③根据所留不同主枝的实际情况配备 4~6 个相互错落的大、中型枝组，主枝、大、中型枝组均保持单轴延伸；④对需要高接换优的树体，接口截断长度视枝干粗度留 5~20 厘米不等。树形和枝干预留方案确定后对高接树进行全面枝干清理，然后开始高接。⑤短接穗一般高接在主枝和大型枝组的顶部，也可用单芽嵌接在枝干秃裸部位，接头占全树高接量的 60% 以上；超长接穗主要接在主枝和大

型枝组的中上部位，接头占全树的20%左右；长接穗高接在主枝和大型枝组的中下部或枝干的秃裸带，接头占全树的20%左右。⑥冬剪以维护和更新小结果枝组为中心，以疏除和回缩为主要修剪手法。

注意事项 对大树改造，一年达不到预定树形目的的，可分两年完成，以免当年产量大幅跌落；对高接树应注意扩冠与拉枝工作，以尽快成形、恢复产量。

适宜区域 大面积老梨区的老梨园大树改造与品种更新。

（五）梨树乔化砧木栽培技术模式

技术模式概况 主要应用乔化砧木栽培模式。栽植时间以4月中下旬为宜，采用长方形栽植。稀植园可用4×（5~6）米的株行距。按定好的点先整地，穴深60~80厘米，开口直径1米。底土、表土分开堆放，栽植时先将农家肥与表土混匀回填坑内，回土2/3呈馒头形、踩实并浇透水，然后将备好的苗木直立于坑的中央，根系向四周舒展，再覆土将根系全部覆盖上，边覆土边踩实。

增产增效情况 亩增产10%。

技术要点

（1）园址的选择 苹果梨建园园址的选择，一般选在土层深厚、土壤肥沃、有机质含量高、排水好、坡向朝阳、坡度较缓的北坡，坡度一般不超过20°的地块为宜。

（2）苗木选择与授粉树的配置 苗木要选择用山梨嫁接的，根条发达，芽眼饱满，主干粗壮的苗木。授粉树可选用南果梨、洋梨、锦丰梨等，授粉品种与主栽品种以1∶4为宜。不少于1∶8的配置，采用中心配置的方式。

（3）栽植方式 栽植时间以4月中下旬为宜，采用长方形栽植。密植园株行距2米×3米、2.5米×3米、3米×4米等，稀植园可用4米×5米、4米×6米的株行距。按定好的点先整地，穴深60~80厘米，开口直径1米。底土、表土分开堆放，栽植时先将农家肥与表土混匀回填坑内，回土2/3呈馒头形、踩实并浇透水然后将备好的苗木直立于坑的中央，根系向四周舒展，再覆土将根系全部覆盖上，边覆土边踩实。

（4）整形修剪 苹果梨在生产上多采用基部三主枝疏散分层形或双层伞形的整形方法。疏散分层形，树高4~5米，中心干直立，着生在中心干上的主枝数目7~8个，分三层排列，第一层主枝3个，在树四周按水平角120°呈三股撑向外伸出，第二层2~3个，第三层2个。最高层主枝选出3年后就可以落头开心，打开光路。层间距第一至第二层 80~100 厘米，第二至第三层 60~70 厘米。侧枝数培养下层主枝配 3~4 个侧枝，上层 2~3 个侧枝。双层伞形，将伞树分成两层带为 60~80 厘米，第二层带 20~40 厘米，层间距 100~150 厘米，一层留骨干枝 5~6 个，二层留骨干枝 2~3 个，骨干枝上配置辅杨枝及结果枝组。修剪时，头 1~3 年以培养骨干枝为主，中心领干在 40 厘米处短截以促发枝，迅速增加枝叶量，4~5 年以拉枝为主，完成整形。结果后以疏枝、短截、回缩为主。以保树体通风透光，平衡树势，调整各类枝组比例。

（5）苹果梨的花果管理　由于苹果自花授粉结实能力较弱，所以需要人工辅助授粉。当全树 1/3 的花开放时，第一次授粉，花开到 2/3 时进行第二次人工授粉，盛花期时再授粉一次。授粉时间一般要在每天的上午 9 时至下午 5 时进行，让花粉充分粘在柱头上，每个花序只授 2~3 个花朵即可。合理的疏花疏果，确定合理的载量是提高果品质量达到丰产稳产的重要措施之一。依据树势、树龄、栽植密度和肥水条件等，制定单位面积产量指标。按合理的留果指标，疏去多余的花和果实。一般条件以疏花为主，长果枝适当短截或疏出部分花及多而密的枝条，疏果时剪出病虫果、畸形果，留第二个或第三个边花座的果实，尽量多留叶片，通常 30~35 片叶留一个果。弱树树冠外围少留果，以留单果为主。

（6）果实套袋　6 月 20 日左右实施果实套袋，可选用内层为防菌纸，外层为防潮纸的双层纸袋。在定果后进行套袋，套袋前喷药杀菌。在果实采收前 30~40 天除袋。时间应在每天的上午 10 时前或下午 4 时后，先除去外层袋，3~4 天后再除去内层。

（7）施肥和管理　果园施肥一般采用以施有机肥为主，重施基肥，合理追肥，控施氮肥用量，禁用硝态氮肥，提倡施专用肥或生物肥。基肥主要以有机肥为主，在果实采收后，采用环状施肥法，即定植穴外挖环状沟施入，施肥量即以每收入 1 千克果施 1 千克肥为标准。追肥以速效肥为主，按果树萌芽期，枝条速长期，果实膨大期施入，追肥总量以每 50 千克果施磷、钾肥、1 千克计算，前期以氮肥为主，后期以磷、钾为主。用时配合叶面追肥。果园灌溉全年 4 次左右，主要在萌芽开花前、坐果后、果实膨大期、采收后休眠前，方法应掌握水渗入深度 1 米以下，灌水后地面 3 天不积水为宜。

注意事项　修剪要适当，不宜过轻和过重。

适宜区域　辽宁。

（六）梨架式栽培技术模式

技术模式概述 架式栽培是日本、韩国梨树的主要栽培模式。20 世纪 30 年代以后，梨的水平网架栽培技术从日本传入韩国，后来韩国根据国情对其进行了改良，形成了拱形网架。90 年代架式栽培引入我国，近年来，我国梨架式栽培发展较快。我国梨园网架栽培的架式主要包括水平形、Y 形、屋脊形（倒 V 形）、梯形网架模式等。从建园方法上，我国网架梨园多数通过大树高接，少量是从幼树定植建园而来。

增产增效情况 分散顶端优势，缓和营养生长和生殖生长的矛盾。通过改变树体的姿势，可以合理安排枝和果实的空间分布。改善树体的受光条件，提高了光合作用效率，改善果实外观品质。枝条呈水平分布，枝条内养分比较均匀地分配到各个果实，果形和果重的整齐度显著改善。同时梨果都在网架下面，减轻了枝磨叶扫，好果率大大提高，方便管理。网架离地面 1.8~2 米，利于人工操作和机械化作业，降低了劳动成本，提高了劳动效率，符合果树栽培省力化的要求。梨水平网架栽培的结果部位主要在架面上呈平面结果状。丰产期亩产量控制在 2 500~3 500 千克，优质果率 90% 以上。

技术要点 水平网架架设时间一般在幼树栽植 2 年后的冬季。在梨园的四个角分别设立一根角柱（20 厘米 ×20 厘米 ×330 厘米），向园外倾斜 45°，每角柱设两个拉锚（间距为 1 米），拉锚（15 厘米 ×15 厘米 ×50 厘米）用钢筋水泥浇铸，埋入土中深度 1 米，其上配置一根 1.2 米长的钢筋并预留拉环，用于与边柱连接，拉索为钢绞线，角柱之外设有角边柱。梨园同边两角的间距不超过 100 米，若距离太远，角柱负荷太大，可能引起塌棚。在每株、行向的外围四周分别立一边柱（12 厘米 ×12 厘米 ×285 厘米），向园外倾斜 45°，棚面四周用钢绞线固定边柱，每柱下设一拉锚（12 厘米 ×12 厘米 ×30 厘米），拉锚用钢筋水泥浇铸，埋入土中深度为 0.5 米，其上配置一根 60 厘米长的钢筋并预留拉环，用于连接棚面钢绞线，拉索同上。棚面用镀锌线（10# 或 12#）按 50 厘米 ×50 厘米的距离纵横拉成网格，先沿一个方向将镀锌线固定在围定的围线上，再拉与之垂直方向的线时，先固定一端，再一上一下穿梭过相邻网线，最终固定在另端围定的钢绞线上。然后用钢绞线将角柱分别与角边柱固定。顺行向在每株间设一间柱（规格为 10 厘米 ×10 厘米 ×200 厘米），支撑中间棚架面保持高度 1.8~2 米。水平网架梨的树形主要有水平形、漏斗形、杯状形、折中形等，均为无中心干树形。水平形，干高 180 厘米左右，主枝 2~4 个，接近水平，每个主枝上配备 2~3 个侧枝，侧枝与主枝呈直角，侧枝上配备结果枝组。漏斗形，干高 50 厘米左右，主枝 2~3 个，主枝与主干夹角 30°左右。杯状形，干高 70 厘米左右，主枝 3~4 个，主枝与主干角 60°左右，主枝两侧培养出肋骨状排列的侧枝。折中形，是其他 3 种树形改良后的树形，干高 80 厘米左右，主枝 2~3 个，主枝与主干夹角 45°左右，在每个主枝上配置 2~3 个侧枝，每个侧枝上配置若干个中、小型结果枝组。

注意事项 高接树要及时抹除萌蘖，以免影响高接枝的生长。高接后第一年新梢长势旺，愈合尚未牢固，当新梢长 30 厘米左右时在高接枝对面绑缚支棍，以防风折。高接枝前两年生长旺盛，应注意抹芽、抹稍和引稍。高接树的修剪仍然坚持单轴延伸和枝组基部更新的原则。对于高接多年树势已偏弱，骨干枝密且势弱，大型枝组偏多、老化，结果枝组衰弱，枝条密度过大的树应该增加总体修剪量，以疏为主，打开通风透光的通道，疏除部分过密过大枝组，更新回缩衰弱骨干枝头，回缩复壮衰老枝组，疏去过密的细弱小枝和短果枝群。通过这些措施集中营养，复壮枝组和促进树势，维持商品果重和提高果品质量。

适宜区域 主要分布在山东、辽宁、河北、浙江、江苏、上海、福建、江西等省、直辖市。

（七）梨树密植栽培技术模式——以山东省为例

技术模式概述 近 50 年来，尤其是近 10 年来，我国果树发展异常迅猛，生产上常用的梨树栽植密度由 20 世纪五六十年代株行距 5 米 ×6 米和 4 米 ×5 米变成七八十年代的株行距 4 米 ×4 米和 3 米 ×4 米。90 年代至 21 世纪初的株行距变得更小，有的为 2 米 ×3 米和 1 米 ×3 米树形也由过去的小冠疏层形、开心形逐渐发展为纺锤形、柱形、二层开心形、V 形等。

增产增效情况 密植栽培早结果、早丰产、早收益，可以生产优质高档果品、提高早期产量和经济效益。密植栽培一般栽后 2~3 年开始开花结果，4~5 年后即可进入丰产期，要比以往稀植的丰产期提前 3~4 年。

技术要点 密植栽培树体结构：树高 3.0~3.5 米，干高 60 厘米左右，中心干上均匀着生 18~22 个大、中型枝组，枝组基部粗度为着生部位中心干直径的 1/3~1/2，枝组分枝角度 70° ~90°。行间方向的枝展不超过行间宽度的 1/3。整行呈篱壁形。密植梨园建园时，选用 2~3 年生砧木大苗于春季土壤解冻后按照 0.75 米 ×3.0 米株行距定植，砧木萌芽期嫁接梨品种。秋后培育出高 1.6~2.5 米的优良品种大苗，在此基础上培养圆柱形。中心干多位刻芽促枝技术是培养该树形的关键。春天萌芽时，对大砧梨苗中心干基部 60 厘米以上和顶端30厘米以下的芽实施刻芽技术。在芽上方0.5厘米处重刻伤，深达木质部，长度为枝条周长的1/2。翌年，继续对中心干采用多位刻芽促枝技术，对中心干延长枝顶端30厘米以下芽体进行刻芽促分枝，通过3年可完成圆柱形树形的培养。幼树及初果期树：不短截，不回缩；只采用疏枝和长放技术；保持枝组单轴延伸。盛果期树：不短截，少回缩；结果枝组更新，采取以小换大的方法控制树体大小；注意控制树冠上部强旺枝，防止上强下弱。结果枝组枝头一律不短截，对于过长枝或枝头角度过大、过小的枝组进行回缩。该修剪技术修剪方法简单，修剪量小，树体通风透光条件好。

注意事项 在利用乔砧进行密植栽培时，在控制树冠、抑制生长、促进花芽形成等方面比较费工。生产中则多采用早期促花措施如控肥、控水、环剥、拉枝等，延缓果树长势。

适宜区域 山东省梨主产区。

（八）砂梨高效栽培技术模式——以湖北省为例

技术模式概况 湖北是我国南方重要的砂梨产区，经多年试验示范，笔者从土壤管理、肥料管理、整形修剪、疏花疏果、病害化综合防治等方面，探索出了适合湖北生产区域的砂梨高效栽培技术模式，能显著提高果实品质，减少病虫害的发生，促进砂梨产业提质增效。

增产增效情况 丰产园亩平产量控制在2 000千克左右，优质果率达85%以上，比普通果园高出仅10个百分点。

技术要点

（1）土壤管理 果园秋季结合施基肥进行深翻改土，行间间种绿肥或豆科作物，并用杂草及作物秸秆覆盖树盘。砂梨萌芽期、新梢旺长期和果实膨大期需水较多，应适当灌水。梅雨季节要注意清沟排水，以免根系长时间被水浸透，引起烂根、染病。

（2）肥料管理 幼年树应坚持薄施勤施的原则，少量多次，于春、夏、秋季每次抽梢前追肥一次，以氮肥为主；抽梢后喷一次叶面肥，可用0.3%~0.5%的尿素+0.2%~0.3%的磷酸二氢钾。成年树施肥（第3年开始）一般集中在3个时期：第一次在萌芽前，以氮肥为主；第二次在花芽分化及果实膨大期，以磷钾肥为主，氮磷钾混合使用；第三次在果实生长后期，以钾肥为主。施肥量可按每产100千克果实施入尿素1千克、过磷酸钙1.5千克、碳酸钾0.8千克、有机肥（粪水）1.50千克的比例施用。叶面肥可结合每次喷药时进行，可用0.3%~0.5%的尿素+0.2%~0.3%的磷酸二氢钾+0.1%~0.2%

的硼砂或氨基酸复合微肥。

（3）整形修剪　主要推广开心形的树形。开心形就是树形开张，没有中心干。第一年定干后，完成3~4个主枝的选择、培养、整形，若发枝数少、方位不正确，可行刻芽和拉枝进行调整。在新梢停长后将主枝拉成60°左右的开张度，冬季修剪时在主枝的2/3处短截。以后每年的修剪只是在主枝两侧培养副主枝及结果枝，不留中间的中心主干。4~5年即可形成树形。

（4）疏花疏果　坚持"迟疏不如早疏，疏果不如疏花，疏花不如疏芽（花芽）"的原则。疏花芽时注意和冬季修剪相结合，控制留枝量和花芽数量。疏花朵在花序伸出至初花期进行，疏去中心花留边花，每花序留2~3朵花。疏果的原则是疏弱留强，疏小留大，疏密留稀，疏上下留两侧，分两次进行，第一次粗疏，于谢花后10 d进行；第二次定果，于5月上中旬进行。一般选留第2~3序位果，定果后适宜叶果比为（20~25）∶1，树体内每隔20厘米间距留1个果。

（5）病虫害防治　预防为主，综合防治。轮纹病，在每年早春芽萌动前刮病皮，后喷多菌灵100~150倍液或喷1次4~5度石硫合剂，以消灭菌源。在梅雨季节分生孢子大量传播和侵染时，应抓住时机，每隔半月喷1次多菌灵或托布津700~800倍液，并可喷石灰过量式波尔多液200~240倍，可有效预防多种病虫害。对于黑斑病、锈病、梨木虱、梨茎蜂、梨黄粉蚜等病虫害，应根据降雨和病虫发生情况，重点在花前、花后、果实套袋前和雨季进行防治。

注意事项　因湖北地处长江中下游地区，砂梨生长季节雨量充沛，宜选择抗病性强的品种种植。

适宜区域　湖北省砂梨产区。

（九）梨树开心形宽行稀植技术模式

树形采用3~4主枝开心形；分枝角度70°~90°，种植株行距3米×（4~5）米。平地起矮垄，坡地梯宜用水平带；种植穴长、宽各80厘米左右，高60厘米左右，表土和肥料拌匀后回填，有机肥或农家肥每穴用量50~100千克，复合肥1千克。秋季苗木落叶后或春季萌芽前种植，种植后覆膜保水，选择芽眼充实饱满处定干，定干高度60~80厘米。幼龄树以追肥为主，生长季每月施以氮肥为主的肥料1次。结果树以复合肥和有机肥或农家肥为主，秋施基肥占全年用肥量60%~70%，可根据结果来定施肥量，即每生产100千克梨，施有机肥或农家肥100~150千克，氮∶磷∶钾=2∶1∶2的复合肥3~5千克。加强病虫害防治，注重冬季清园和防治工作，冬季清园、修剪完毕后选择晴好天气用 5 波美度的石硫剂防治 1~2 次。花芽或叶芽彭大期和谢花后各喷施一次杀菌和杀虫剂，其他时期防治可根据多年病虫害发生情况进行针对性防治。

（十）梨高密度宽行窄距栽培模式——以云南省为例

技术模式概况 树势中庸、早结丰产的品种，可实行高密度种植，株行距 1.5 米 ×2.2 米，亩植 200 株。采用小冠树形，便于整形修剪，病虫害防治等田间操作。实行疏果套袋，结合绿色防控，生产绿色、有机产品。幼树期实行间作套种，减少前期投入。

增产增效情况 可提前 1~2 年进入盛产期，见效快，丰产稳产性好，便于开展修剪、疏果、套袋、病虫害防治、采收等农事操作。同时前两年的间作套种收入还可缓解部分投资压力。

技术要点 开槽改土，实行宽行窄距栽培，宜一次性开槽，槽深 60 厘米，宽 70 厘米，每米槽施有机肥 15~30 千克 + 普钙 1 千克，与表土混匀后回填。适期定植，宜在早春梨萌芽前 20~25 天，选用壮苗定植，浇水，覆膜。肥水管理，合理施肥，促进树体健壮生长不徒长。规范整形修剪，使用“Y”字形或圆柱状树形，树高控制在 2.2 米以下。疏果套袋，第二次生理落果结束后，在幼果“勾头期”及时定果，每花序留果 1~2 个，定产到株，及时消毒套袋。绿色防控，在做好秋冬季清园的基础上，使用黄、蓝板诱杀、灯光诱杀等技术，减少农药使用。间作套种，定植 1~2 年期间，可选择矮秆作物或绿肥间作套种，即可减少前期投入，又能改良土壤。

注意事项 干性强、长势旺盛的品种不宜采用此模式，生产管理水平较低的地区不宜采用。

授粉品种应与主栽品种花期一致，且授粉亲合力好，花粉量大。授粉品种与主栽品种的比例一般为 1∶（5~8）。也可同时栽植两个授粉品种。如果同一梨园确定两个主栽品种，且两个品种互为授粉树时，可等量栽植。

适宜区域 云南梨产区均适宜。

五、桃

（一）桃矮化密植集约栽培技术模式

技术模式概述 采用矮化栽培模式，“主干形”或者“纺锤型”适宜采用的株行距为（2~3）米 ×（3~4）米，每亩栽植 55~111 株。

增产增效情况 比传统梨栽培模式早结果 2~3 年，提早就能收到效益，在盛果期产量控制在 2 500~3 000 千克，市场批发价高于老果园其他梨 0.25 元 / 千克以上，可增加效益 2 000~3 000 元。

技术要点

1. 第一年，扶植中干

比较旺的苗，当顶端长出达 20 厘米时，旱地距地面 40 厘米以上，水地 60 厘米以上，用抽枝宝点芽。点的早，终生麻烦，点的晚，效果不好。点时要隔两个芽点一个，顶端 20~30 厘米处不要点，由它自己长出来。当营养生长接近停长时，开始整枝。当横向枝长到 40~60 厘米时，在基部力度较大地转一下枝。对生长缓慢、芽质饱满的，轻轻地转一下，转枝加摘心去叶，转至下垂。

2. 第二年，见芽就刻

为了防止枝条长短一致，一年生果树中干顶端上的芽每隔两个芽刻一个。

二年生中干上没长出的芽要全部刻出来。横向枝、旺枝要全部刻芽，刻时要注意背上芽在背后刻、背下刻，侧下芽在芽前刻。中干上横向枝上的虚旺小枝，15 厘米以内的抑顶促萌。超过 15 厘米的中间再转一下。二年生枝要见串枝花。如果没有花，说明管理不到位。

3. 第三年，顶端结的果要保留

壮偏旺的枝在发芽前可促发牵制枝。基部保留两个芽环切促发。如果是虚旺枝，坚决不能在基部搞牵制枝。如筷子前端粗粗的环切 1 圈；超过香烟粗的再切 1 圈；小姆指粗的切 3 圈。中间间隔为宽韭菜叶的宽度。

高度超过 2.5 米的枝，上部全部刻芽使其成花；横向枝超过 60 厘米长度的，要整枝下垂。按照这样管理，主干树形建造基本完成。

注意事项 注意肥水及病虫害管理要按照绿色食品要求严格施行，盛果期注意控产蔬果保持桃的商品品质。

适宜区域 河北、津京地区、山东、河南、山东、山西等地区。

（二）桃多主枝（3个以上）开心型栽培技术模式

技术模式概况 适合较大株行距，根据桃干性不强，树体开张的特点，整形时朝向不同角度留3~4个主枝，主枝上着生结果枝。

增产增效情况 树体成型后稳定，因内堂光照好果实品质较好，进入盛果期后效益好。

技术要点 主枝角度开张要大一些，树下如机械操作方便可以提高树干高度。

注意事项 疏除内膛直立枝和过密枝条，防治树膛郁闭。

适宜区域 所有桃产区露地栽培。

（三）桃树高干“Y”型两主枝整枝栽培技术模式

技术模式概况 适宜“小株距、大行距”定植，株距小可以增加亩栽株数，以便早期丰产；行距较大、主干高，适合机械化作业；每株树留两主枝，向行间伸长，像“Y”形，主枝上着生结果枝，是目前普遍采用的整形模式。

增产增效情况 因亩栽株数多，早期效益高。丰产稳产。

技术要点 主枝角度适中，前期可适当预留预备枝。

注意事项 疏除背上直立枝，防治内堂郁闭。如土壤肥沃，控制旺长。

适宜区域 所有桃产区露地栽培。

（四）桃主干型栽培技术模式

技术模式概况 适宜“小株距、大行距”定植，保持中心主干直立，主干上交错轮生结果主枝或结果枝组，结果主枝或结果枝组保持水平略下垂。

增产增效情况 亩栽株数多，充分利用立体空间，便于机械化操作高产。

技术要点 保持中心干直立，有时要借助立柱支持；主干上着生主枝及时拉平，控制生长。

注意事项 适合生长旺、树姿直立形品种，否则直立不易；另控制顶端旺长，防止上强下弱；因不同水平范围内营养分布差异，造成不同水平高度上果品质量差异，优质果率低。

适宜区域 所有桃产区。

（五）桃设施栽培技术模式——以辽宁省为例

技术模式概况 温室或大棚促早栽培，果实提早上市，大连地区温室桃3—4月成熟上市，大棚桃5月上市。

增产增效情况 亩产1 500~3 000千克，亩经济效益3万~5万元，是露地生产经济效益的5~10倍，

技术要点 可小苗定植或大树移栽，采用“Y”字形或三主枝无侧小冠开心形整形。温室于10月下旬扣棚，11月末12月初揭帘升温，萌芽前温度缓慢升至23℃左右，花期温度控制在20℃左右，果实发育期控制温度不宜过高，最高不超过28℃。重视秋施基肥，每亩3 000~4 000千克，花后、膨果期、采后及时追肥。花前、硬核、膨果、采后几个关键时期适时少量多次灌水。重视疏花疏果，控制新梢徒长，可在花前花后喷2次PBO。

注意事项 控制棚室内温度，保证果实发育期，加强肥水管理，提高果实品质。

适宜区域 大连。

（六）桃树高“Y”字型宽行密植栽培技术模式

技术模式概述 高“Y”字型宽行密植栽培模式在原来桃树Y字型整形技术的基础上进行改进和优化，推出了桃高“Y”字型宽行密植栽培模式。目前已在在桃产区应用推广近万亩。

增产增效情况 采用该技术模式的桃园，管理相对简单，投产快，产量高，与传统栽培模式相比，桃产量可提高20%左右。便于实现机械化，省力化，降低人工投入，并可采取生草栽培培肥地力，水肥一体化，病虫害生物综合防治、简化修剪，进而显著提高经济效益。

技术要点 栽植密度一般为（1.5~3）米 ×（4~5）米。3月中下旬定点栽植，注意栽植深度，埋土与苗木在苗圃地留下的土印平齐即可，可以在树干两侧20厘米处，挖20厘米深施肥穴，施入2袋缓释肥。踩实后灌透水，垄上覆盖地膜。4—5月根据墒情灌水2~3次。若建园所在地段为黏壤土或排水不良，最好进行起垄栽培，以防止涝害发生，并可改善根区土壤环境，要求垄宽1.8米，高0.4米。春季桃树幼苗定植成活后定干，高度为60厘米，萌生新梢后，及时除萌蘖。需在6月底之前，新梢未完全木质化之前完成主枝绑扶整形作业。每株树选用2根长度为3~4米的竹竿，在靠近主干位置，将两根竹竿

一端交叉插入地面，使两竹竿交叉点与主干重合，保持两竹竿间在水平方向的夹角为40°，另一端分别伸向两侧行间，方向与行向垂直，并将重合处用绑绳将两根竹竿捆绑固定。在主干上部选留错落对生伸向行间的壮梢作为主枝，分别绑扶在两侧竹竿上；若无伸向行间的新梢，则选留其他生长方向的壮梢，对其进行扭梢，使其伸向行间生长并绑扶在对应竹竿上，使新梢顺竹竿生长；除选作主枝的壮梢外，其余壮梢全部疏除，生长较弱的新梢可以临时保留。夏季修剪要及时处理主枝背上过旺的二次梢以及外围延长梢附近过旺的二次梢，保持延长梢优势，保证单轴延伸。随主枝长度的增加，不断增加绑扶点，以控制主枝生长方向。经对主枝进行一到两年时间的绑扶，桃树“Y”字形树形塑造完成，之后将竹竿解除即可。冬季修剪要疏除过强的临时枝，主枝上的分枝按去强留弱，去直留斜的原则疏除部分过密枝，保持分枝间距10~20厘米，疏除外围延长枝的竞争枝，除背上枝条外其他部位疏剪时可留短橛，利于第二年发枝。

注意事项　建园时，结合全园深翻，一次性施足底肥，一般农家肥的施肥量最好每亩用3 000千克以上。栽植密度，一般为（1.5~3）米×（4~5）米，若建园所在地段为黏壤土或排水不良，最好进行起垄栽培，以防止涝害发生，并可改善根区土壤环境，垄宽要求1.8米，高0.4米。采取高“Y”字形整形技术，高定干，两主枝间角度控制在40°左右。

适宜区域　该模式适合在我国桃产区推广应用。

（七）桃树“主干型”密植栽培模式

技术模式概述　“主干型”密植栽培模式为桃产业共用栽培模式，在2 000年前后即开始推广应用，且主要集中应用在小面积桃园。目前推广应用面积在2 000公顷以上。

增产增效情况　采用该技术模式的桃园，成型快，结果早，幼树定植第2年可形成产量，第三年即可进入盛果期。植株生长健壮，抗性强，病虫害少，养分积累量高，光照条件好，因而产量高，品质好。便于实现机械化，省力化，降低生产成本，在增产增收方面具有良好效果。

技术要点　栽植密度一般为（1~1.5）米×（2.5~4）米。3月中下旬定点栽植，注意栽植深度，埋土与苗木在苗圃地留下的土印平齐即可，可以在树干两侧20厘米处挖20厘米深施肥穴，施入2袋缓释肥。踩实后灌透水，垄上覆盖地膜。4—5月根据墒情灌水2~3次。若建园所在地段为黏壤土或排水不良，最好进行起垄栽培，以防止涝害发生，并可改善根区土壤环境，要求垄宽1.8

米、高0.4米。第一年整形苗木定植成活后，在60~70厘米处选择饱满芽处剪截定干，新梢长至20厘米后选择生长势强且直立的新梢做主干延长枝，及时抹除或留1~2芽剪截竞争枝，抹除主干上30厘米以下分枝，其余所发新梢全部保留。新梢长到30厘米左右时对二年生部位发出的新梢采取重剪梢或拿枝、扭梢等技术控制生长势和枝长。为保持中心干延长枝优势生长状态，对中心干延长头附近的副梢通过重剪梢或拿枝、扭梢等技术加以控制。对7月上旬以后再发生的各级副梢可任其生长，不再摘心、剪梢等控制。整个生长季在保证中心干延长枝优势延伸的前提下，尽量多留枝梢，以利于主干加粗、根系发育和成花结果。冬剪时中心干延长枝不够高度时留饱满芽进行中短截，流芽疏除中心干上强旺枝、粗大枝，保留缓放生长势中庸的长果枝和中短果枝。为了抑制上强和早结果，在主干分枝处选留一个斜向行间的较大枝组作为牵制枝。第二年整形中心干延长枝继续按照第一年生长季整形要求，进行侧生枝梢的控制，其下部为通过多留果控制生长势，主干上发生旺枝通过摘心进行控制，二年生枝组上的旺枝和过密新梢可进行疏除，回缩过长枝组。冬剪时中心干不再短截，中上部留中庸结果枝，疏除强旺枝、过粗枝。中下部除保留一年生中庸结果枝外，还可通过回缩过长枝组培养成小型枝组。冬季修剪后平均每米中干高度上选留30~35个长中短结果枝，并保持结果枝分布上稀下密、上小下大。

注意事项

建园时，结合全园深翻，一次性施足底肥，一般农家肥的施肥量最好每亩用3 000千克以上。适宜栽植株行距为（1~1.5）米 ×（2.5~4）米，中心干高2~3.2米，树高为行距的0.8倍左右。若建园所在地段为粘壤土或排水不良，最好进行起垄栽培，以防止涝害发生，并可改善根区土壤环境，要求垄宽1.8米、高0.4米。修剪时注意保持中心干生长优势，形成轴差。

适宜区域　该模式适合在我国桃产区推广应用。

（八）桃中等密度“Y”字型栽培技术模式

技术模式概况　桃“Y”字形树形能充分利用土地和光能，通风透光良好，因此单位面积产量高。果实着色面积大、品质好，含糖量高。主枝之间长势容易平衡，树冠不易密闭，修剪简单。干高30~40厘米，主枝2个，分别朝向两侧行间，主枝与主干夹角30° ~40°，树体高度2.5~3米，行间有少量空隙，主枝上着生小型结果枝组或直接着生结果枝。树冠上下均能结果，果实在树冠内分布较均匀，中下部透光较好，中下部果实也着色良好。各项技术如修剪、疏花疏果、套袋等便于操作，有效地减少了劳动强度，提高了劳动效率和管理水平。

增产增效情况 一般2~3年开始结果，3~4年丰产，进入盛果期需4~5年。定植当年主枝生长量达90~105厘米，副梢25~30条，形成足量的花芽，第2年亩产量达1 040千克（最高株产6.5千克）。第3年产桃2 600千克。第4年结果枝量200枝/株左右，亩产4 000千克左右。

技术要点 桃“Y”字形整形修剪前期较为复杂，定植后在距地面50厘米处选择剪口下二个为东西向的芽，进行短截定干；6月上旬除顶端保留东西两个主枝外，其余枝生长到20厘米摘心，留作辅养枝，培养成结果枝组，使其早期结果；6月下旬对主枝副梢摘心，促生分枝，增加枝量；8月上旬将主枝按45°拉枝开角，调整主枝为东西方位。第2年3月除主枝延长枝外，其余辅养枝和结果枝依据成花情况轻剪或不剪，待果实采收后再作处理。具体作法是：疏去主枝背上、背下枝，斜生结果枝按10~15厘米间距留一个，过密的间疏。主干上保留南北各一个永久辅养枝，占领空间结果，其余辅养枝疏掉。主枝头经结果后下垂的利用背上芽或枝换头，抬高主枝角度。经过两年冬夏修剪树形基本可形成。

注意事项 施用生长调节剂进行调节时应注意前促后控原则。注意疏花疏果，一般长果枝留3~4个果，中果枝留2~3个果，短果枝留1个果。疏去双果、畸形果、病虫果、小果，保留果形端正、果个大小匀称的好果。另外加强肥水管理与病虫害防治，在雨季注意排涝。

适宜区域 适合在我国大部分桃产区。

（九）桃树高效栽培技术模式

技术模式概况 桃树高效栽培技术是指通过规范建园、整形修剪、平衡施肥、疏花疏果、病虫害防治等一系列综合技术措施，以达到稳产、优质、高效和可持续等目的的一种生产管理方式。

增产增效情况 果实品质显著提升，亩平均增收600元。

技术要点

（1）起垄稀植高标准建园 园地应选择在生态适宜、环境质量合格、交通便利、基础设施较好的地势平坦和坡度小于20°的丘陵岗地，土壤以壤土和砂壤土为好。采取熟土进行起垄栽培，以增加排水透气性能；采取稀植模式，平地土壤以每亩33~45株、坡地以每亩70~80株的标准进行建园，以改善通风透光，方便后期管理和节省劳动力。

（2）高干整形缓和势修剪 通过抬高定干高度，培养自然开心树形、“Y”

形、四主枝树形能够有效提高果实品质，其主要特点是干高30~40厘米，主枝角度适度抬高，树高在3.5米以内。修剪以疏枝回缩为主，减少修剪量，防止树体旺长，幼年期树体上不留多余大枝，避免后期修剪造成大伤口，盛果期少短截或不短截（长梢修剪）。

（3）平衡施肥加覆膜控水　催芽肥以萌芽前1~2周，速效N肥为主（50千克果0.25~0.5千克尿素），补充贮藏营养不足；基肥为最基础最重要的肥料，秋季早施，有机肥加磷肥（1千克果1千克有机肥、50千克果1~2.5千克磷肥），采取沟、穴深施。水分管理方面，覆膜技术既控水又保墒防旱，在生长季节多雨地区覆膜可降低土壤湿度，果实发育期有干旱危害的地区提早覆膜可减轻干旱危害。

（4）疏花疏果促稳产提质　疏花一般在大花蕾至盛花初期进行。疏果时间越早越好，一般分两次进行。第一次疏果在花后20 d左右；第二次疏果在果实硬核期进行，湖北省一般极早熟品种在4月下旬至5月初、早熟品种在5月上中旬完成疏果。疏花疏果叶果比标准：短果枝留1果、中果枝留2果、长果枝留3~4果、徒长性果枝留5~6果。

（5）病虫防控靠综合治理　桃树病虫害防治要按照“预防为主，综合防治”的原则进行。重点做好疮痂病、炭疽病、流胶病、浮尘子、桃蛀螟等病虫害的防控。一是要避免重茬；二是要重视冬季清园消毒，减少病源；三是要防治枝干病虫害，减少伤口；四是要合理施肥，增施有机肥，平衡施肥；五是要合理使用多效唑和除草剂。辽宁省流胶病防治要坚持“一刮、二杀、三刷”的方法，即刮胶、涂波美5度石硫合剂或150倍多菌灵、抹桐油或清漆。

注意事项　桃树对N肥敏感，勿施过多；修剪以长枝甩放为主，少用短截方法，注重夏季修剪，抬干栽植。

适宜区域　桃主要种植区域。

（十）桃聚土起垄建园技术模式

技术要点　“机械聚土起垄+宽行窄株定植+两主枝‘Y’字形”树形+垄上覆盖+肥水一体化+病虫害绿色综合防控”。该模式为近年来桃新产区的主要推广模式。

增产增效情况　该模式有利于防止桃园积水、培肥土壤、改良土壤结构，为根系生长创造了良好生长环境，能显著提升产量和品质、延长结果年限。

注意事项　适量增加施肥量，建议采用肥水一体化。

适宜区域　平地、大面缓坡地适宜采用该模式。

（十一）生态观光桃园栽培技术模式——以四川省为例

技术要点 通过对桃园进行景观化设计与布局，选用不同花期品种搭配，应用花果兼用和观赏专用型品种，采用景观化栽培技术，果园生草（野花组合）等技术措施，形成了高效生产与休闲观光有机结合的桃树生产模式。

增产增效情况 四川是一个具有丰厚休闲文化底蕴的地方，在成都市龙泉驿区每年一度的国际桃花节经济收入达10亿元，产生了显著的社会经济效益。例如，成都市锦江区三圣乡秀丽东方打造的1 000亩农业观光园，桃花节期间，每天门票收入50万~100万元。

注意事项 建议加强花期延长、景观化栽培等关键技术研究与示范。

适宜区域 都市近郊或城镇周边交通方便区域。

六、樱　桃

（一）樱桃矮化密植栽培技术模式

技术模式概况　通过选用优新品种，采用高光效树形、合理配置授粉品种及起垄栽培和大棚设施栽培等核心技术，解决生产中普遍存在栽培品种结构不合理。

增产增效情况　利用矮化砧木，配置适宜树形，比原来的乔化栽培提前两年进入初果期和盛果期。一般 2~3 年结果，3~4 年 250~500 千克 / 亩，4~6 年进入盛果期，产量稳定在 750~1 500 千克 / 亩，较传统种植方式提早结果 2~3 年，树体矮小，树高控制在 2.6~2.8 米，方便采收和管理，省工省力，果品优质果率高，种植效益高。

技术要点

（1）品种选择　选用紫红色、大果型、硬肉、丰产新品种，主要有“红灯”“布鲁克斯”“美早”“萨米脱”等，实现早、中、晚熟合理搭配，延长鲜果供应期；根据 S 基因型选配授粉品种组合，选择与主栽品种授粉亲和、花期一致的授粉品种。

（2）砧木选择　选择生长健壮、矮化半矮化砧木品种“吉塞拉 6 号”“考特”等。吉塞拉砧木嫁接品种，树体矮化，早实丰产，较本溪山樱砧木提早 2~3 年结果；考特砧木嫁接品种，树体生长健壮，园相整体，抗寒抗旱，丰产稳产。

（3）树形选择　采用细长纺锤形、丛枝形等高光效树形，进行低干矮冠密植 [株行距（2~3）米 ×（4.5~5.5）米] 栽培。细长纺锤形宽行密植，早实丰产；丛枝形树冠矮，方便采收，适宜扣棚。

（4）起垄栽培　采用平台起垄栽培，垄带覆草或覆膜，减少土壤和养分的流失，干旱时可减少果园土壤水分的蒸发，雨季时防止积水内涝。有条件的果园进行行间生草，改善果园气候状况和土壤温度。

注意事项　幼树整形以夏季修剪为主，冬季修剪为辅；高定干，利用抹芽、刻芽技术，促进多分枝；在新梢萌发后生长到 20 厘米左右就开始用小竹签（或牙签）撑枝；综合运用刻芽、摘心、扭梢、回缩、撑枝、吊枝等夏季修剪技术，增加枝量，尽快扩大树冠，减少新梢无效生长，改善光照条件，使一年生树可生长 9~20 个新梢，三年生树基本达到 3 米左右的高度，中心干上能分生 20 个左右的枝条，树体早成形，为实现早结果和早丰产打下基础。

适宜区域 适宜北方甜樱桃适宜区和南方温室栽培区，尤其平原土壤疏松肥沃地区。

（二）樱桃露地栽培技术模式

技术模式概况 栽植密度（2~3）米 ×（4~5）米，采用主干疏层形或纺锤形整形，合理配置授粉树，易裂果品种应进行避雨栽培，3~4 年进入结果期，6~7 年进入丰产期。

增产增效情况 亩经济效益万元以上，管理较省工。

技术要点 起垄或起台栽培，搭建防雨棚。根据栽植密度，以主干疏层形和纺锤形树形为主，幼树拉枝开角，尽快建造成形。行间生草，行内覆盖，增加有机肥使用量，保证土壤透气性，增强树势，防止根癌病、流胶病发生。

注意事项 花期防晚霜危害；果实成熟期防止裂果；低洼地注意排涝；防止内膛光突，及时更新。

适宜区域 辽宁、云南等区域。

（三）樱桃设施栽培技术模式

技术模式概况 在温室或大棚中进行栽植，进行促早栽培，果实成熟期为 3—5 月，经济效益高，一般可达 5 万 ~10 万元 / 亩。可采用大树移栽或大苗定植，尽早结果。栽植密度与露地相近，合理配置授粉树。

增产增效情况 亩产 750~1 500 千克，亩经济效益 5 万 ~10 万元。

技术要点 每年 10 月下旬扣棚，促进树体提早休眠，11 月底至 12 月中旬揭帘升温。花前温度不宜过高，尽快提高地温，花期温度 18~20℃。开花期综合运用蜜蜂授粉、人工辅助授粉，确保坐果率。果实发育后期控制水分供应及棚内湿度，防止裂果。行内或全棚覆盖地膜，膜下滴灌，水肥一体化。采后注意保护叶片，防止花芽老化。

注意事项 合理控制温湿度，重视花期授粉，提高坐果率，防止落果。

适宜区域 适宜于樱桃种植区域。

（四）樱桃乔砧宽行密植栽培模式

技术模式概述 利用考特、马哈利、大青叶砧木，嫁接早实丰产品种，进行宽行密株栽培，栽植密度，一般株距 1.5~2 米，行距 4.5 米，选用细长纺锤形、小冠疏层形或丛枝形等树形，平地起垄覆盖、行间生草，支架辅助，通过增加栽植密度提高早期产量。山东省果树研究所 2010 年在天平湖试验基地示范，表现园相整齐，通风透光，方便机械化喷药、除草、开沟施有机肥等，病虫害发生少，管理简单，早实丰产。

增产增效情况 当前，生产中甜樱桃乔化果园多采用株行距 3 米 ×4.0 米，一般 5~7 年形成产量，园相普遍郁闭，开花多，结果少，品质差，效益一般。采用乔砧宽行密植矮化栽培模式，果园整齐，通风透光，环境友好，方便机械作业，一般定植后 4 年形成产量，5~6 年进入盛果期，平均亩产 1 000~1 500 千克，盛果期长，优质果率高，病虫害少，省工省力，效益显著。

技术要点 选择透气性良好、不易积水地块建园；进行土壤整理，顺行施足腐熟后的有机肥（开沟或地表）备用；地头留足作业空间，方便机械调头、支架拉线等；选用健壮大苗栽植，切记起苗运输过程中保护好整形带芽眼，利于整形。起垄栽培。平地提倡顺行边栽边培土起垄，一般垄宽 1.2~1.5 米，垄高 20~30 厘米，垄边缘留出灌（排）水沟，定植时垄面铺设管道灌溉，小沟涌流或滴灌。整形修剪。大苗壮苗，一般 100~120 厘米处定干，剪口在第一芽上 1 厘米处，抹除第 2、第 3 芽，保留第 4 芽，整形带内适当多留芽，通过芽上刻伤、涂抹发枝素等措施促进萌芽，剪口下第 2~4 个新梢生长势强旺，应及时控制，生长至 20~30 厘米时重回缩或牙签开角控制旺长，促进下位新梢长势；4 月下旬至 5 月，当新梢 30~50 厘米长时利用开角器开张基角或捋枝开角。中心干延长枝视生长情况适当短截或缓放。生草覆盖。行内覆盖地布，除草布、毡布均可，幅宽 80~100 厘米，两边进行；秋分季节播种草种，早熟禾、黑麦草、鼠茅草、毛叶苕子，生长季机械割草 2~4 次。盛果期园，萌芽前、花后硬核期、采收后追肥。提倡管道水肥一体化。9 月下旬秋施基肥，灌水。病虫防治。芽萌动期 5~7 波美度石硫合剂；花后 10~15 天、采收后、雨季喷洒杀菌杀虫剂；落叶后主干涂白，配方 1 份硫酸铜 3 份生石灰 20 份水 1 份豆面。关注果蝇预防，早熟品种转色期地面、果园周边喷杀虫剂，果园内挂黏虫板、糖醋液。

注意事项 水分管理。控肥控水，切忌生长过旺。严格春季灌水少量多次，夏秋雨季及时排水，尤其新建果园，定植第 1~2 年，春季既要适度水分促进新梢正常生长，又要控制多雨季节水分过多刺激过快生长。夏季结合灌水少量追肥。支柱辅助。单株绑缚竹竿或整行立支架和钢丝，辅助中干直立生长，防倒伏、断根。幼树结合秋施有机肥，顺行开沟，深40厘米，进行根系修剪，控制过剩营养生长。控制树体高度。注重夏剪和休眠期控制主干延长枝长度，及时落头开心。预防春季花期冻害。果园田间加热、喷水。

适宜区域　北方甜樱桃种植区，均可采用乔砧宽行矮化密植栽培模式。

七、荔 枝

（一）荔枝常规栽培技术模式

技术模式概述 采用自然圆头形树冠，无明显中心领导枝，在自然生长情况下，稍加调整而成。

增产增效情况 荔枝果实发育过程中，在加强肥、水管理和病虫害防治等综合措施的基础上，辅以药物保果或环割保果，提高产品产量与品质。

技术要点 培养壮健结果母枝；控制冬梢，促进花芽分化；加强授粉工作，提高坐果率；保果和修剪以及防治病虫害。

注意事项 为达到良好结果母枝的要求：粗度、长度、秋梢叶片、秋梢老熟后不再萌发冬梢，必须在加强栽培管理的基础上，促使秋梢适时萌发，具体放梢时间依地区、品种、树势而定。

适宜区域 福建、云南等区域。

（二）荔枝矮化密植栽培技术模式

技术模式概况 主要用于妃子笑荔枝。株行距按水平距离 4 米 ×4 米，亩栽 42 棵。

增产增效情况 应用该项技术后，亩产可达 800 千克以上。亩增产 700 千克，亩增收可达到 1 万元左右。

技术要点 末次秋梢必须在 11 月前充分成熟后，用双刃环剥刀对主杆或分枝进行螺旋式环割 1.5 圈，剥口宽度 0.15~0.4 厘米，螺距与干粗基本相同。通过抹除多余花穗，调控花期和花量（在屏边县，1 月 5 日以前抽出的花蕾从基部全部抹除只留一个最短的侧穗；1 月 5 日至 25 日抽出的花穗，只留侧穗 1 枝，要求整个果园侧穗长度基本一致。在 1 月 25 日以后抽出的花穗留主穗，待第三批蕾现蕾时只留 20 厘米长的主穗，带 4 个侧穗。）

注意事项 海拔不同、纬度不同、积温不同的地方，要根据各地的实际情况调整采果后修剪的日期。海拔越高，修剪时间越提前。

适宜区域 云南等荔枝产区均可种植。